广东省建筑设计研究院

2010 年广州亚运会建筑及市政景观工程设计

李鸿辉　王　洪　孙礼军　主编

中国建筑工业出版社

图书在版编目（CIP）数据

广东省建筑设计研究院2010年广州亚运会建筑及市政景观工程设计/李鸿辉，王洪，孙礼军主编.—北京：中国建筑工业出版社，2011.11
ISBN 978-7-112-13653-7

Ⅰ.①广…　Ⅱ.①李…②王…③孙…　Ⅲ.①亚洲运动会-体育建筑-建筑设计-广州市-2010②城市景观-景观设计-广州市-2010　Ⅳ.①TU245②TU-856

中国版本图书馆CIP数据核字（2011）第204803号

责任编辑：唐　旭
责任校对：刘　钰　关　健

广东省建筑设计研究院
2010年广州亚运会建筑及市政景观工程设计
李鸿辉　王　洪　孙礼军　主编

*

中国建筑工业出版社出版、发行（北京西郊百万庄）
各地新华书店、建筑书店经销
北京嘉泰利德公司制版
北京画中画印刷有限公司印刷

*

开本：787×1092毫米　1/12　印张：15$\frac{1}{3}$　字数：548千字
2011年11月第一版　2011年11月第一次印刷
定价：168.00元
ISBN 978-7-112-13653-7
（21421）

广东省建筑设计研究院

2010 年广州亚运会建筑及市政景观工程设计

编委会

主编：李鸿辉　王　洪　孙礼军

编委：陈清忠　赏锦国　王业纲　何锦超　陈　雄　江　刚　洪　卫　陈　星

　　　罗赤宇　符培勇　陈建飚　廖坚卫　廖　雄　潘　勇　郭　胜　崔玉明

　　　潘伟江　文　健　郭奕辉　林冬娜

执行编委：廖　雄

前　言

　　2010 年广州亚运会是激情的盛会，和谐亚洲的盛会。亚运给我们带来了幸福城市的新形象和科学发展的新风貌，留下了丰富和宝贵的"亚运遗产"。

　　"弘扬奥林匹克的亚运精神，促进亚洲团结、友谊和交流"是广州亚运会的宗旨，这届亚运会实现了"加快广州现代化大都市建设进程，进一步提升广州综合竞争力、国际知名度和影响力，把本届亚运会办成具有中国特色、广东风格、广州风采、祥和精彩的体育文化盛会"的总目标，使全世界人民更全面、更真切地认识了广州，领略到了亚洲博大深厚、异彩纷呈的多元文化的魅力。

　　为达到广州亚运会赛事的需求和实现亚运会的总目标，广州高速度、高质量地建设了亚运城，新建了 12 个体育场馆，改扩建了 70 多个原有的体育场馆和配套设施，并结合城市改造、环境整治和广州城市整体发展的要求，建设了大量相关的建设工程。

　　广东省建筑设计研究院紧紧抓住了广州亚运会给我们带来的这一个广州城市建设发展的重要契机，全身心投入到广州亚运会的大建设当中去，为广州亚运会的建设工程献出了我们的一份力量，完成了与广州亚运会相关的建设工程项目的设计 20 多项，其中广州亚运馆（亚运城综合体育馆），广州自行车轮滑极限运动中心，广州亚运城主媒体中心，广州亚运城后勤服务区等建设项目是直接为广州亚运会服务的重要建设工程项目，而广州新中轴珠江新城花城广场（地下空间），广东省博物馆，广州新白云国际机场候机楼新翼则是配合 2010 年广州亚运会召开的重点建设项目。

　　回顾广州亚运会建设工程项目的设计，充满了竞争和挑战，它是新思想、新技术充分展示的大舞台，也是对国际水准，现代风格，岭南特色设计的新诠释。

　　本书收集了广东省建筑设计研究院为 2010 年广州亚运会召开的建设工程项目的设计和研究成果，旨在总结广州亚运会建设工程的设计经验。通过本书，我们认真梳理和系统总结了亚运会建设工程的设计体会，同时也为广大建筑设计界的朋友，更加全面了解广州亚运会建设工程的设计，分享亚运建设的创新精神，提供了一份有价值的参考资料。

　　希望这本书能成为亚运后进一步推进广州城市发展转型升级、加快建设国家中心城市的铺路石，也希望这本书能为广大建筑设计界朋友的工作带来一点点帮助。

　　谢谢您对本书的关注！

目　录

广州亚运馆

GUANGZHOU VELODROME OF 16TH ASIAN GAMES 2010

2010年广州亚运会及亚残运会
体操、艺术体操、蹦床、
台球、壁球、举重、
乒乓球比赛场地

（广州亚运馆又名广州亚运城综合体育馆）

设计人：

潘 勇	陈 雄	陈 星	区 彤	王 昵
郭 勇	庄孙毅	叶志良	谭 坚	宋定侃
邓载鹏	傅剑波	邵巧明	钟世权	周 昶
李松柏	林建康	何 军	李红波	卞 策
刘志雄	刘雪兵	黄 科	刘志丹	王怀中
金学峰				

建设地点：广州亚运城
用地面积：101086m²
总建筑面积：65315m²
体育场规模：8387座（赛时）
　　　　　　10387座（赛后）
功能：体操馆、台球馆、壁球馆、展览馆
结构形式：大跨度钢屋盖+框架

建筑设计及实景

广州亚运馆设计风格创新独特，建筑空间非线性， 视觉体验动态，使用了多项高新技术：

● 三维设计模拟技术，构筑复杂建筑造型与空间

● 隐藏拉索式复合结构幕墙

● 不锈钢双表皮金属屋面板系统

● 清水混凝土浇筑及控制技术

● 结构设计采用蒙皮技术，提高单层网壳抗震性能

● 钢板剪力墙核心筒满足大震设计要求

● 全国首例建筑物采用TMD提高舒适度及抗震

● 虹吸雨水收集及综合利用系统

● 自然采光及通风绿色节能控制技术

2010年广州亚运会及亚残运会体操、艺术体操、蹦床、台球、壁球、举重、乒乓球比赛场地

2010 年广州亚运会是继 2008 年北京奥运会后我国承办的又一重大综合性国际体育盛会。本届亚运会共有四大主场馆，广州亚运馆是其中唯一新建的主场馆，项目位于广州亚运城南部，紧邻风景优美的莲花湾，是一个包含体操馆、综合馆、亚运历史展览馆等的综合场馆组群，用地面积 101086m²，总建筑面积 65315m²。

方案以表现艺术体操"彩带飘逸"为设计主题，经两轮国际设计竞赛激烈角，最终从众多境外事务所联合体中脱颖而出，成为由中国建筑师原创设计中标的成功案例。该项目于 2008 年 6 月底完成初步设计，同年 8 月完成施工图设计，10 月启动工程施工，并于 2010 年 8 月 30 日竣工。

体操馆观众大厅

体操馆观众大厅

体操馆比赛场地

综合馆观众大厅

综合馆观众大厅

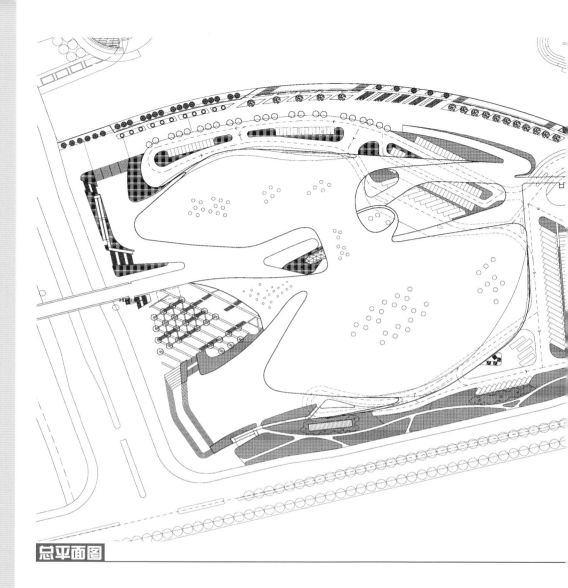

总平面图

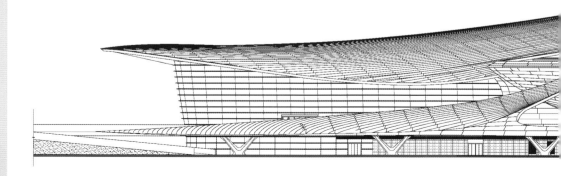

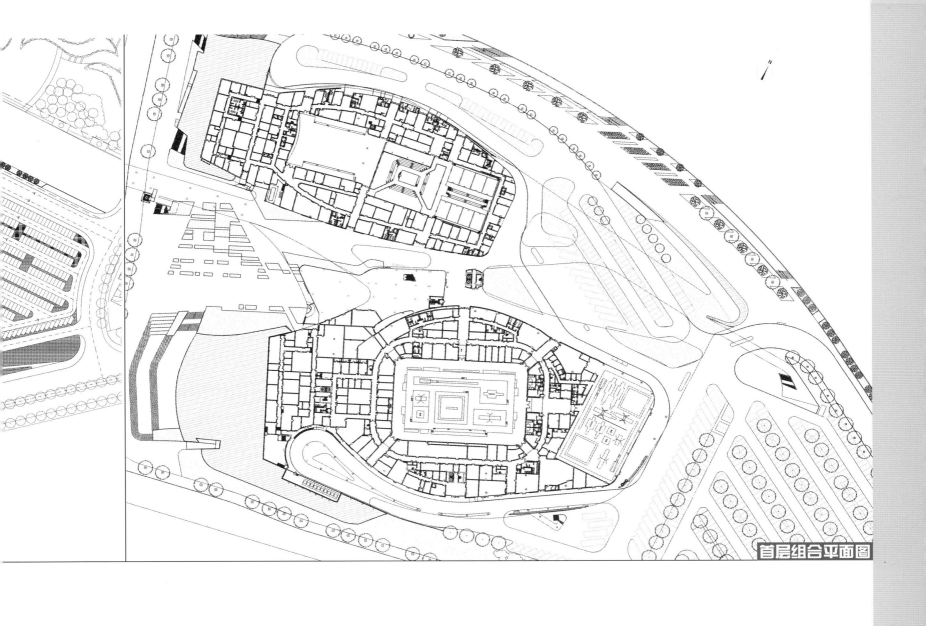

首层组合平面图

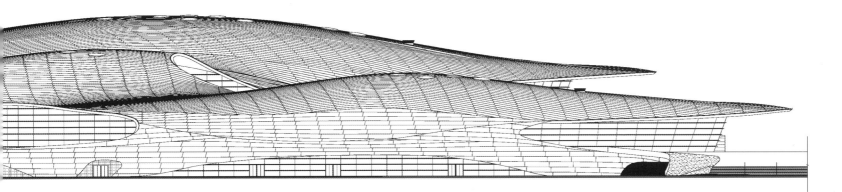

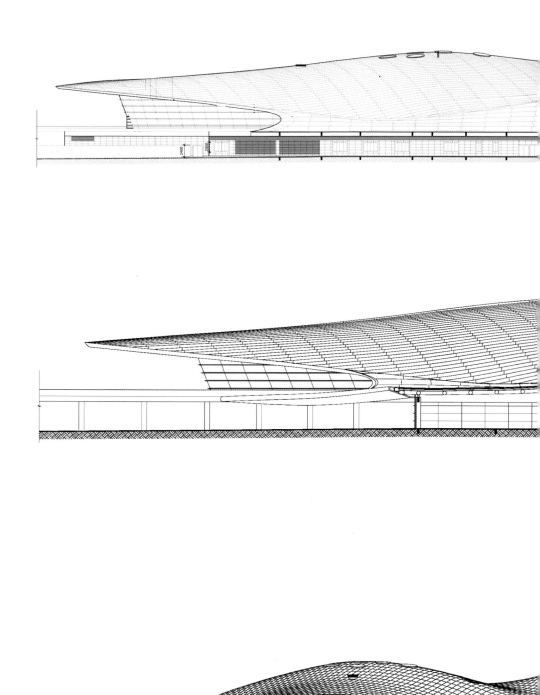

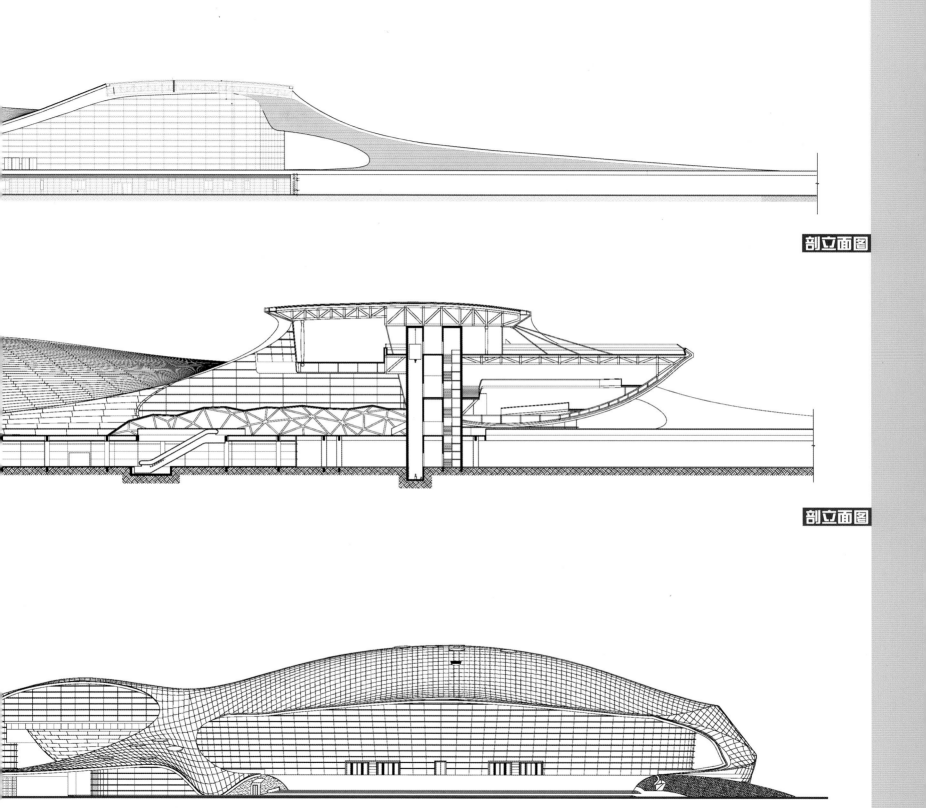

剖立面图

剖立面图

广州亚运馆设计与思考

发表于《建筑创作》2010 年 10 月

作者：潘勇　陈雄

研究文献

1.项目背景

2010 年，举世瞩目的第 16 届亚运会将在中国广州举行，这是我国继 2008 年北京奥运会后承办的又一重大综合性国际体育盛会。本届亚运会共有四大主场馆，广州亚运馆是其中唯一新建的主场馆。项目位于广州亚运城南部，紧邻风景优美的莲花湾，是一个包含体操馆、综合馆、亚运历史展览馆等的综合场馆组群，用地面积 101086m^2，总建筑面积 65315m^2。

广州亚运馆建筑设计方案为国际建筑设计竞赛获胜方案，参赛单位经过遴选共 8 家，其中包括扎哈·哈迪德建筑师事务所（英国）、英国奥雅纳工程顾问、德国 GMP 国际建筑设计有限公司（GMBH）等多家国际知名设计机构。经过两轮激烈角逐，广东省建筑设计研究院原创设计的"飘逸彩带"建筑概念设计方案最终获胜并实施，这是为数不多的在重大项目国际建筑设计竞赛中，由中国建筑师原创设计中标的案例。

2.构思、形式、空间

2.1　设计构思：彩带飘逸——表现最具艺术魅力的体育项目——艺术体操

我们尝试让静止的建筑"运动起来"：用建筑去捕捉体育运动的动感，把那瞬间表现出来。创作灵感来自广州亚运馆的比赛项目——艺术体操，这是一项极具艺术魅力的体育运动，灵巧、优美、动感、韵律——这一系列运动的瞬间在我们眼中抽象为有节奏、连续跃动的曲线组合，这些舞动的曲线又像欢快跳动的音符，最终凝固成建筑，成为广州亚运馆旋律般流动的屋面曲线。延绵飘动起伏、炫目而流畅的建筑形态犹如舞动、飘逸的彩带，这是一个充满艺术魅力、具有流动和飘逸感的建筑！广州亚运馆的创新设计带出具未来感的前卫建筑形象，彰显了亚运主场馆的独特标志性！

2.2　探索新的建筑语言及体验

在亚运馆设计中，我们探索使用新的建筑语言及塑造独特的建筑体验：风格前卫的有机连续组合曲面的设计手法，用三维曲面形式去塑造新的建筑及空间体验，人的互动成为建筑效果的有机部分。围绕广州亚运馆，当视线焦点随着建筑屋面曲线的变化而移动，建筑仿佛也开始流动起来，随着观察点的不同，亚运馆在各个角度分别呈现出不断变化、

形态各异又高度统一的独特的建筑造型，参观者的行为和视角与建筑效果形成了互动，变幻的多层次趣味性视觉及空间效果不断地吸引参观者，以它独有的方式去引导对方的探索欲望：另一个角度会是怎样的？这种独特的体验由室外一直延续到室内，屋面、外墙面的连续运动同步反映到室内空间，在室内产生了多个空间维度的变化，这些形态丰富的非均质空间的变化是顺畅而连续的，甚至产生了空间的"旋转、变形"，出现了同一空间由开始的 3m×5m（高×宽）水平延展空间连续变化到 15m×3m 垂直竖向空间的趣味性效果。多维变化、动感的建筑形态及室内公共空间，与参观者的行为形成互动，极大地丰富了参观者的体验。广州亚运馆展示了一种全新的建筑体验！这是不同于以往建筑的独特体验，带来了"步移景异"的戏剧性效果。

2.3　营造积极、开放及舒适的城市公共空间

设计了多种形态、层次丰富、连续流动的非均质半室内灰空间及室外公共空间，以创新的方式重新演绎传统檐下空间，通过流线设计及空间组织方式吸引市民经过及停留，活跃空间气氛，并利用计算机模拟，对各场馆区室外及半室外灰空间微气候进行分析和调整，提高其舒适度，适宜人们停留；注重二层广场平台的景观组织和引导，并与莲花湾沿岸人行步道一起形成连续景观道，将亚运城及莲花湾最美的场景连接起来，方便开拓旅游资源。通过以上各种景观、流线及空间组织的引导，亚运馆的室外及半室外灰空间将成为市民乐于前往、游憩、停留的积极的城市公共空间，最大限度地实现亚运馆的公共性。

3.功能与流线

广州亚运馆包括体操馆、综合馆、亚运历史展览馆，是一座集体育、展示功能的建筑群，总建筑面积 6.5 万 m^2。体操馆设固定席位 6200 个，赛后可改造为 8200 座的篮球馆，具有多种功能灵活性；综合馆包括台球馆及壁球馆，台球馆设固定坐席 522 个，活动坐席 565 个，壁球馆设活动坐席 1100 个；展示面积达 4700m^2 的亚运会历史展览馆，功能为展示历届亚运会历史和亚运知识。

亚运会及亚残运会期间在广州亚运馆举行的比赛项目包括 5 个亚运项目、2 个亚残运项目共 7 个比赛项目，分别是亚运比赛项目：体操、艺术体操、蹦床、台球、

壁球；亚残运会比赛项目：乒乓球、举重。

广州亚运馆中各比赛馆的主要功能区均包括：观众区、比赛场地区和内部功能区，流线设计采用了垂直分流与平面分流相结合的方式，使各种人流均有独立的流线，互不干扰。亚运历史展览馆主要功能区为展示区。

体操馆、综合馆首层（标高 0.000m）均包括比赛场地区、运动员区、新闻媒体区、贵宾区、赛事管理区、场馆运行区和设备用房等各功能分区，体操馆还有与比赛场地规模相当的热身场地，并实现人性化的平层设计，有利于热身后的运动员参加比赛。各功能分区均设有独立的入口，由设置于沿体操馆及综合馆各功能分区入口南北两条不规则环路，连接场外道路，两场馆均可独立运行。亚运历史展览馆首层主要是展示区。

二层（标高 5.000m）为室外公共平台、体操馆和综合馆观众大厅及观众看台区，各观众大厅入口通过二层室外架空平台及坡道连接首层西侧、北侧室外广场、周边道路、空中漫步道、停车场等，与其他区分层分流，体操馆与综合馆之间是亚运历史展览馆二层主入口。

三层（标高 13.000m）分别为体操馆的包厢、综合馆的照明及音响控制机房、亚运历史展览馆的螺旋展厅。

四层（标高 16.300m）分别为体操馆控制机房、赛事评论室、亚运历史展览馆的顶层展厅。

在上述各馆功能介绍中，为方便论述，将体操馆、综合馆、亚运历史展览馆的功能区按楼层统一介绍，实际上它们均是完全分开，分属于三个独立的建筑体。体操馆观众看台采用池座的形式，普通观众坐席排距850mm，坐席宽度500mm，具有良好的视线设计。赛后可增设活动席位 2000 个，成为总规模达 8200 坐席的篮球场或其他多功能场地，赞助商包厢周边设置共计21 个，赞助商看台席位 218 个，赛场南侧看台设置有主席区坐席、贵宾官员坐席、媒体评论员坐席及部分普通观众坐席，北侧看台全部为普通观众坐席。综合馆观众看台设计中，考虑到台球、壁球运动的普及性不高，排除了永久看台的做法，使用临时可装卸组合坐席，方便赛后拆除改造以灵活适应多种使用功能。赞助商包厢共计 21 个，赞助商看台席位 218 个。

亚运历史展览馆，是一个悬空的半球形建筑与空中展廊结合体，具有独特的空间体验，可乘电梯上到最顶层展厅，然后由上到下，沿展厅一直螺旋下行，沿途观展，由下到上反之亦可，观展流线灵活、清晰、不重复。

4.新技术、新材料

广州亚运馆设计在新技术及新材料应用等方面均作了一些探索，部分为国内首次应用，包括：1. 业内领先的三维模拟设计技术；2. 高耐候性三维不锈钢金属屋面板系统；3. 多种组合幕墙系统；4. 大面积、高支模的清水混凝土；5. 倡导绿色亚运，包含自然通风模拟、自然采光、低能耗围护结构、屋面雨水收集及综合利用、水源热泵等多项节能新技术，节能率达 60% 的可持续设计；6. 结构设计采用蒙皮技术，提高单层网壳抗震性能；7. 钢板剪力墙核心筒满足大震弹性设计要求等一系列新技术；8. 全国首例建筑物采用 TMD（抗震阻尼器）提高舒适度及抗震。

5.消防与疏散

体育馆人数众多，具有瞬间集散的特点，疏散设计是消防设计的重点。亚运馆消防疏散设计特点是合理利用二层公共以及场馆高大空间有助于消防疏散安全的特性。平台防灾避难设计的基本原则是容易辨识，防止恐慌。方案采用就近疏散，疏散中避免观众出现集中与停滞的瓶颈，实现安全的体育场馆：体操馆池座内均匀设置的疏散口疏散到环形的观众大厅，再由各个观众大厅的大门疏散二层的室外平台。其他如贵宾、新闻媒体、工作人员等通过各个专用楼梯直接疏散。在主席台和特等贵宾席的看台下方设置了专用的避难空间供紧急情况使用；台壁球综合馆观众采用全部向上疏散的方式，紧急情况时观众向上疏散到场馆的观众大厅，再由各个观众大厅的大门疏散到室外大型观众共享平台。

亚运馆中疏散时间最长的是体操馆，观众厅设计容量总共为 8200 人，安全疏散时间经过计算和模拟，每个安全出口的疏散时间只需要 2.70min。

6.运行设计

运行设计是近年国际大型综合性运动会对场馆设计提出的配合要求，包括初步运行设计及详细运行设计两阶段。针对不同比赛的竞赛需求，通过运行设计指导场馆设计和施工，确保场馆建设符合最终使用的要求。

广州亚运馆注重预先考虑运行设计来减少后期整改。由于不同的运动会对竞赛需求的差异，在竞赛需求明确前，场馆设计只能参照以往的标准及规则进行设计。通常竞赛需求的确定往往滞后于场馆建设，一般场馆均是在建设基本完成后才得到明确的竞赛需求，

因此经常出现新完工的场馆要根据竞赛需求进行拆改的情况。

作为新建场馆，广州亚运馆设计中充分发挥运行设计先行的有利条件，大幅减少了后期整改工作：在施工图设计阶段就已经预先考虑运行设计的各项配合，通过包括亚奥理事会、国家体育局、亚组委、建设方、设计方等多方协调及努力，在现场施工实施前就基本明确竞赛需求，并由设计方参照需求完成运行设计，落实到设计修改中，确保现场施工时拿到的是满足竞赛要求的图纸。由于运行设计的及时有效，大幅减少了运行团队进场后的现场调整。

7.赛后利用

由于体育馆运行费用的高昂，体育场馆的赛后运营及利用一直是场馆运行维护的重要课题，也是场馆可持续性设计的重要环节。广州亚运馆的设计结合赛后利用多种模式的综合考虑，通过设计组织使场馆具有各种调整的可能性，为赛后利用提供更多自由度。

设计考虑了各种设施的方便拆卸，可根据需要拆除的部分设施，改建成其他类型场地，或全部拆除，形成大空间，满足多功能的使用要求。

体操馆热身馆设计成可对外独立营运的场所，成为群众体育的基地。

亚运历史展览馆在赛后保留部分展览功能，其余部分则引入创意商业，以商业出租为场馆维护提供支持。体操馆可以通过增加活动坐席改成篮球馆，便于今后的商业体育的综合营运。

各场馆设计中已经预先考虑各种展览、集会的功能流线组织，具备多功能使用的前期基础，可随时视市场需求进行调整，整合成为举行各类的展览、集会、表演活动提供大型场所。

结语

广州亚运馆设计与施工历时逾两年，跨越3载，对于一个如此复杂的大跨度三维连续曲面的体育建筑，这是巨大的挑战。幸运的是在参与各方的艰苦努力下，亚运馆终于如期完成，总体而言，广州亚运馆虽然在极短时间内完成，在设计团队的共同努力下，仍然达到了极高的设计完成度，在新技术、新材料应用做了很多探索，在自主创新设计等方向实现了突破。随着项目竣工验收并投入测试赛，广州亚运馆以其梦幻般的形象和独特的体验迅速获得社会各界的高度关注，赢得赞誉！

广州亚运馆的绿色实践

发表于《生态城市与绿色建筑》2010 第四季

作者：潘勇　区彤　郭勇　庄孙毅　叶志良

1.项目概况

世人瞩目的 2010 年第 16 届亚运会已经在广州举行并获得了圆满成功，这也是我国继 2008 年北京奥运会后承办的又一重大综合性国际体育盛会。本届亚运会共有 4 大主场馆，广州亚运馆是其中唯一新建的主场馆，由于其创新而优美的建筑形态和空间，在亚运会中也获得了社会各界的广泛关注。

广州亚运馆项目位于广州亚运城南部，紧邻风景优美的莲花湾，是一个包含体操馆、综合馆、亚运历史展览馆等的综合场馆组群。用地面积 101086m²，总建筑面积 65315m²。

2007 年 11 月由广州市政府委托相关部门举办国际建筑设计竞赛征集设计方案，在全球众多的申请者中遴选了 8 家知名设计机构参加竞赛，其中有广东省建筑设计研究院等两个境内独立参赛设计院及 6 个中外设计联合体，包括扎哈·哈迪德建筑师事务所（英国）、英国奥雅纳工程顾问、德国 GMP 国际建筑设计有限公司等国际知名设计机构均受邀参加。经过两轮激烈角逐，广东省建筑设计研究院原创设计的"飘逸彩带"建筑概念设计方案最终脱颖而出并中标实施，这是为数不多的在重大项目国际建筑设计竞赛中，由中国建筑师原创设计中标的案例。

2. 绿色建筑技术应用

广州亚运馆设计综合运用了多项业内领先的工程技术，许多为国内首次使用。除此之外，广州亚运馆还倡导绿色亚运及可持续利用设计理念，参照国家"绿色三星"标准进行设计，综合采用了多项节能新技术，包括自然通风模拟，自然采光，太阳能照明，屋面系统整合雨水收集及综合利用系统，使用水源热泵的技术进行空调冷气提供及热水供应，场馆内采用变风量全空气系统，采用分质供水系统，采用回收塑料作为空心内模的空心楼板设计等，体现环保、节能和可持续发展的科学理念。广州亚运馆节能率达 60%，节能环保水平居于国内大型体育场馆建筑前列，为住房和城乡建设部 2009 年度国家绿色建筑与低能耗建筑"双百"示范工程。各种环保节能新技术为场馆可持续利用奠定良好基础。

2.1　水资源利用

2.1.1　广州亚运馆采用分质供水系统，针对不同的用水需要供应不同水质的水，从而达到物尽其用的目的，是一种能体现环保、节能和可持续发展要求的供水方式，便于在现有条件下合理利用水资源，节约用水：与人体直接接触的生活用水采用高质水系统；建筑冲厕、绿化、浇洒、景观补水等不与人体接触的用水采用杂用水系统。

广州亚运馆杂用水水源优先选用屋面雨水：雨水是天然水源，没有水资源费用且水质一般较好，经过简单处理后就可以直接回用，对节约用水和可持续发展两方面都具有广泛的社会效益，这是雨水利用得天独厚的优势。因此，我们认为雨水是首选的优良杂用水水源，其中屋面雨水为可收集雨水中水质最好的部分，可以优先作为杂用水的水源。

2.1.2　整合了虹吸雨水收集与综合利用系统的金属屋面系统。广州的雨水资源丰富，降雨量大约 1682mm，雨水资源丰富，且全年都有降雨，综合分析广州市 1961~1990 年间的气象资料，从 3 月到 10 月降雨量都在 80mm 以上，降雨分布相对均匀，具有雨水收集及综合利用的有利条件。广州亚运馆双层表皮的不锈钢金属屋面板系统除了完美的解决复杂屋面的综合视觉效果及排水问题，还整合了虹吸雨水收集与综合利用系统，整个金属屋面系统的雨水基本都能收集和进行有效利用。

系统设置为大屋面采用虹吸雨水系统，缩小了雨水排水立管管径，减少了雨水排水立管数量，所有雨水管都导向雨水收集池，经处理后供绿化及冲洗地面用，节约了用水。

广州亚运馆雨水收集范围屋面面积约 33000m²，雨水收集池分散三处设置，每处约 1000m³。另外雨水综合利用可提高区域排洪排涝系统的安全性。年雨水总利用量约 4 万 m³。

2.2　可再生能源利用，合理选择废弃物再生的工程材料

广州亚运馆结合项目的要求，在满足工程质量要求的前提下，优先采用包括利用工业废料等废弃物再生的工程材料，降低使用材料的能耗指标。

2.2.1　粉煤灰砌块具有生产原料丰富，特别是用粉煤灰为原料，能综合利用工业废渣、治理环境污染、不破坏耕地，又能创造良好的社会效益和经济效益，是一种替代传统实心黏土砖理想的墙体材料，同时粉煤灰砌块还具有容重轻、保温性能高、吸声效果好，有一定

的强度和可加工等优点。广州亚运馆的外隔墙保温构造层、内隔墙等墙体大量采用粉煤灰砌块。

2.2.2　广州亚运馆大量采用现浇混凝土空心楼盖技术，采用的填芯材料为圆管芯模，外径 250mm、300mm 两种，芯模主要采用废旧塑料进行加工，更加环保节能。

采用空心楼盖技术还有以下优点：

1）内置芯模在混凝土板内形成空腔，空心率可达 30%~50%，通过增加芯模，将普通实心混凝土厚板变为空心的"I"型截面肋梁结构，在保证结构承载能力和刚度的同时又减轻结构自重，可有效节约岩土基础工程和上部结构的土建费用。

2）楼板内的芯模形成的封闭空腔能有效阻隔上下楼层间的噪声、振动的传递，比普通楼板减小噪声 15~20dB。板内空腔同时具有优良的绝热保温功能，利于室内温度保持，可降低空调能耗。

2.3　室内环境质量

广州亚运馆综合使用多项空调绿色节能新技术，在实现较好的室内空气质量的同时提高能效比，降低能耗。

2.3.1　通过亚运城水源热泵技术提高空调系统整体能效比。广州亚运馆的空调纳入整个亚运城太阳能和水源热泵供冷供热系统中，由亚运城 3 号能源站提供部分冷量。当系统供生活热水时，则生活热水为机组冷凝器冷源，冷热同时供；当系统不供生活热水时，则利用亚运城周边砺江涌江水为水源热泵冷源代替冷却塔，砺江河水夏季取水温度为 26℃ ±2℃，比传统冷却塔冷却水设计温度 32℃低 4 ~ 8℃，降低了冷凝器冷却温度，大大提高制冷机组能效比；同时若冷热联供时，整体能效比更高。约可降低制冷机能耗 10%~15%。

2.3.2　利用排风对新风进行预热（或预冷）处理。附属用房区域空调系统设计采用中央新风系统中的能量回收型中央新风加末端风机盘管系统，每台风机盘管回风口均设置采用光触媒氧化技术的空气净化消毒装置，该系统一方面通过从室外把大自然新鲜空气经过精细过滤后强制送到室内，室内污浊空气强制排到室外，持续进行空气的置换，同时进行热交换回收其能量（在夏天回收的是"冷量"，在冬天回收的是"热量"），在潮湿的季节还具有独立的除湿功能。系统保证了室内 24h 都有清新的空气，同时可回收高达 70% 的能量，每年

可节省约 5 万度电。另一方面，空气净化消毒装置可以及时消除装修后残留在室内含有甲醛、苯、氨、氡等的有毒气体，大大降低室内 TVOC 浓度。中央新风系统的运作，促使气流层运动霉菌无法滋生，延长了器材及建筑物的使用寿命；同时在室内保证工作人员可以享受来自大自然的新鲜空气的沐浴，让健康活力与亚运的主题共存。

2.3.3　场馆内采用变风量全空气系统，且均采用焓差控制的方式，过渡季可利用 100% 全新风自然冷却，减少制冷主机的开启时间，而且变风量可降低风机输送能耗。根据广州地区的气候条件，全年约有 12% ~ 20% 的时间（且大多在下半年）适宜采用通风措施满足室内温湿度要求。因此，全空气集中空调系统采用焓差控制的方式，具备全新风运行能力、以充分利用自然条件降温、最大限度实现运行节能。这一项全年可节省能耗 10%~15%。另外，全空气风系统每台风柜采用静电杀菌除尘空气净化技术，保证高品质的室内空气环境。

2.3.4　人员密集的比赛场馆内设置 CO_2 监控系统，并采用新风需求控制技术；由于不同比赛，场内人数（包括观众上座率）是变化的，而新风负荷约占比赛场馆负荷的 30%~40%，通过监测场馆内场馆 CO_2 浓度，实时反应出场馆内实际人数，动态调节系统新风量（即新风按需求控制），新风能耗总体可降低 30%。

2.3.5　在建筑内设置室内空气污染物浓度监测、报警和控制系统（通过 BAS 系统实现），预防和控制室内空气污染，保护人体健康。在重要的功能房间或场所，利用传感器对室内主要位置的温湿度、二氧化碳和空气污染物浓度等进行数据采集和分析，将所采集的有关信息传输至计算机或监控平台，进行数据存储、分析和统计，二氧化碳和污染浓度超标时能实现实时报警；检测进、排风设备的工作状态，并与室内空气污染监控系统联动，实现自动通风调节，保证室内始终处于健康的空气环境。

2.4　自然通风与采光

2.4.1　合理运用自然通风降低空调能耗。广州亚运馆由于空间大，通常会带来较大的空调能耗，我们希望通过多种方式来减少空调设备的运行时间，减少能耗，综合分析表明通过适当开口组织自然通风可以有效减少空调设备的启动时间，改善室内空气环境，达到节能的目的。图例为分析情况。

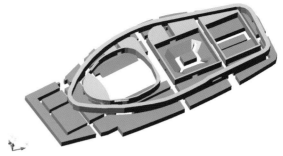

简化后的模型

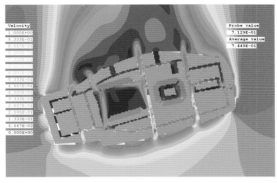

综合馆一层人员活动区域风速分布图
（冷色：风速较低；暖色：风速较高）

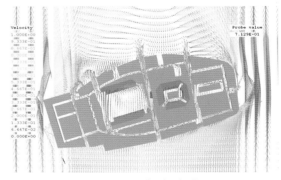

综合馆一层人员活动区域风速矢量图
（冷色：风速较低；暖色：风速较高）

从建筑方案和模型中可以看出，体育馆底部的观众走道具有一定的通风潜力，通过外墙开口的合理设置，可以对首层观众活动区域以及比赛场地的自然通风都有所帮助。

2.4.2　利用自然采光满足场地照明的基本需要，减少人工辅助照明，降低能耗。广州亚运馆设计中还考虑通过设置屋顶天窗，引入自然光线，同时天窗设置可

调节的遮阳百叶，可针对太阳光线的入射角度调整倾角，满足赛时及赛后不同的使用要求。分析表明，在晴天时广州亚运馆的运动场地通过天窗采光，基本满足除了正式比赛之外的大部分功能的基本照度，无需人工照明。

3.运营管理和监测

电气系统按照国家"绿色三星"标准进行设计，通过合理确定用电负荷，综合考虑赛时、赛后及不同季节的经济运行和维护需要，变电所设置于体育馆负荷中心，减少输配电线路长度及损耗。

所有变配电系统采用节能、高效型设备，实现变配电系统的经济运行。合理选用变压器，提高其负荷率（变压器负荷率基本在75%~85%之间，且配电线路通过合理的调配，满足在冬季或无比赛及活动期间，仅开启一台或两台变压器就能满足体育馆基本运行的用电需要），使变压器处于经济运行状态。备选型尽可能采用节能、高效设备，如变压器采用SCB10系列，电梯、水泵、风机等采用节能型电动机，提高电动机的能效。对于动态变化的负荷，如水泵、空调器、新风机等，采用变频器控制，根据负荷大小实时调节电能供应。

广州亚运馆照明控制系统采用技术先进、使用方便、运行稳定的智能照明控制系统，对比赛场地、走廊、门厅、楼梯间、室外立面及环境等照明进行集中监控和管理，并根据环境特点，分别采取定时、分组、照度/人体感应等实时控制方式，最大限度地实现照明系统节能。

照明灯具均采用高效、节能灯具，照明功率密度指标达到《建筑照明设计标准》中目标值的要求，疏散照明及室外泛光照明均采用最节能的LED灯具，同时室外局部采用风光互补路灯，尽可能节省能源。

比赛场地按日常维护、娱乐和训练、俱乐部比赛、国内和国际球类比赛、彩色电视转播的国内和国际一般比赛、彩色电视转播的国内和国际重大比赛、高清电视转播模式（HDTV）、TV应急照明等多种模式进行分级、分区、分时、分场景控制。在保证体育场馆正常运行和达到比赛要求的照明质量的前提下，可以有效地减少照明系统的耗电量。

走廊、门厅、楼梯间、室外立面及环境等公共照明，可根据体育馆的特殊用电作息时间分为：比赛、训练、平时、节假日、双休日、白天、黑天或室外照度等多种工作模式进行集中管理和实时控制，最大限度地实现照明系统节能。

广州亚运馆通过建筑设备管理系统对综合体育馆的空调、通风、照明、水泵、电梯等设备或系统进行集中管理，一方面使设备运行于最佳工况、节省能源；另一方面大大地提高设备的管理效率，减少管理维护人员，并通过自动、精确的调节控制，创造卫生、舒适、宜人的环境。

综合体育馆采用电力监控系统（EMS）对各用电部位（如冷热源、输配系统、照明等）进行实时检测及用电计量，超限报警，在管理层面上，对用电实施有效监控，避免电能浪费。电力监控系统（EMS）还对分散设置的UPS、EPS和直流屏电池集中监控，延长电池寿命，减少环境的污染。

在环保措施方面，备用发电机燃油尾气处理在保证燃烧工况良好的情况下，排出的废气经消声除尘室内进行水洗消烟及消声除尘处理后，通过专用烟囱由发电机房引至烟井处再引上屋顶高空排放。

4.绿色建筑技术应用分析

由于大型公共建筑早期投入较高，后期运行费用较大，在大型公共建筑领域所进行的绿色建筑实践具有较大地现实意义和示范作用。广州亚运馆倡导绿色亚运，实践可持续发展的科学理念，推行绿色、环保的技术和材料，通过综合的绿色设计手段降低场馆的运行费用，为场馆的长期经营奠定良好的基础。也希望借此为绿色建筑的推广和应用提供一些思考和借鉴。

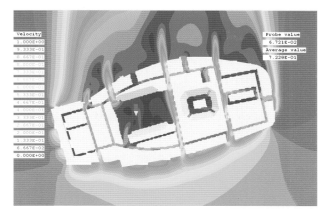

综合馆一层人员活动区域风速分布图

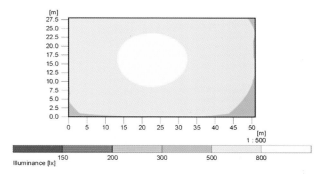

比赛场地照度分布图

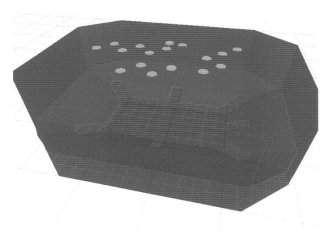

计算模型（三维）

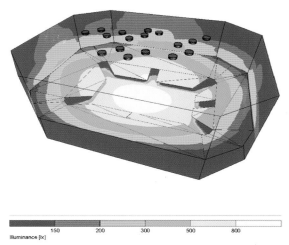

三维照度分布图

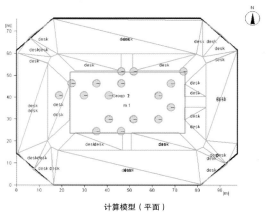

计算模型（平面）

平均照度（lx）: 513

2010年广州亚运会比赛场地

设计人：

郭　胜　陈　雄　陈超敏　陈应书
邓弼敏　黄　蕴　李松柏　区　彤
傅剑波　刘雪兵　李红波　张玉珍
谭永辉　陈东哲　陈　琼　何伟华
李永郁

建设地点：广州花都汽车城风神大道
用地面积：61258m²
总建筑面积：31416m²
体育馆规模：固定席5116座

建筑设计及实景

2010年广州亚运会比赛场地

广州花都区东风体育馆属于亚运新建场馆工程中的一个新建项目。亚运会后将成为花都中心城区西部文化体育中心，同时也可成为汽车城工业产品的展览展销平台，充分发挥该场馆的赛后作用。

"青山翠微迎露珠，秋意新雨霁绿藓。"我们采用了一个露珠般圆滑的简单椭球形态，与青山相互映衬。没有了棱角，避免了与周边建筑，特别是居民住宅的矛盾冲突，达到了与周围环境的融洽、和谐。同时也尽可能发挥用地的地域条件及景观资源，以相对独特的建筑形象与空间特点使之成为当地的地标。

建筑结构与建筑表皮、内部空间空间的一体化设计，力求结构与建筑形式的最佳平衡。室内设计、室外景观设计与建筑设计一体化，空间效果、造型形式、材料比例的统一考虑，力求简洁大气、一气呵成、表里如一。

结构设计借鉴箍桶原理，创新性地设计出了环行管内预应力大跨度钢结构体系。这是国内首次将环形预应力应用在大跨度场馆设计中。比赛馆屋盖采用24榀空腹刚架结构，训练馆屋盖采用单层球面网壳结构。

除了满足大型国际体育赛事的复杂使用要求，体育馆设计充分考虑全民健身需求以及不同公众活动的需求。在场地设计、流程设计、设备使用上考虑了赛后利用的灵活性，满足分区使用的需求。

体育馆设计以合宜的技术和低成本实现功能与形式的最大化，采用集约化设计带来各种设备的效率提高。体育馆在设计中同时还使用了自然采光，自然通风、隔热保温、节能材料、设备的智能化监控等有效的节能环保手段。

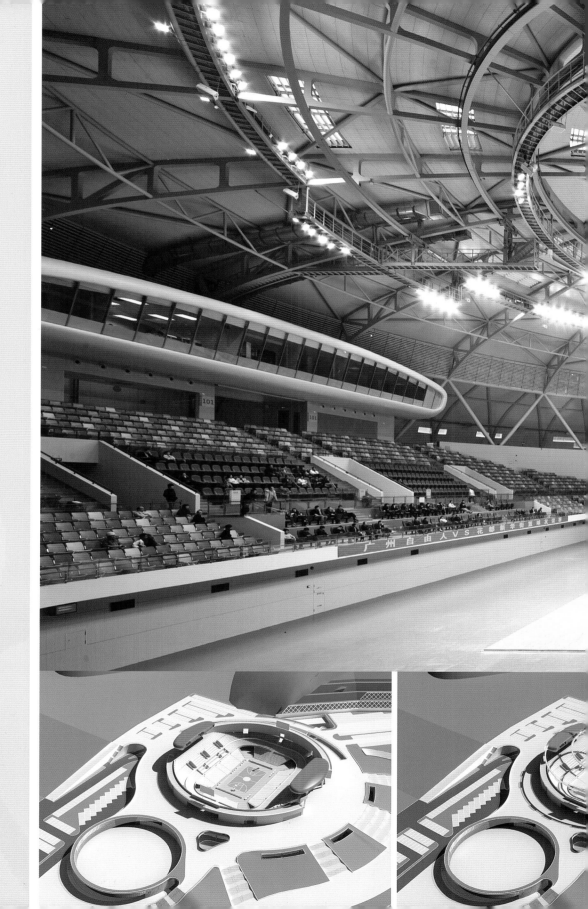

实景照片

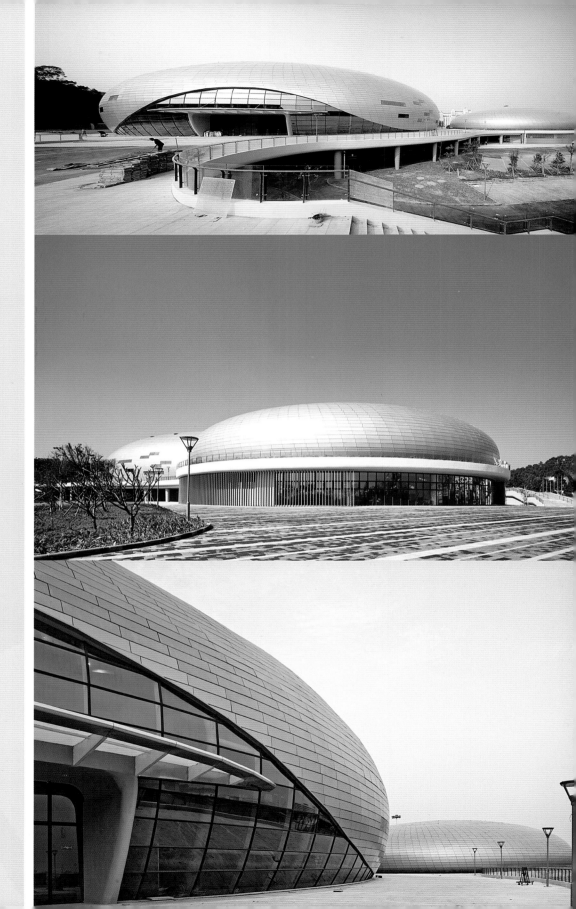

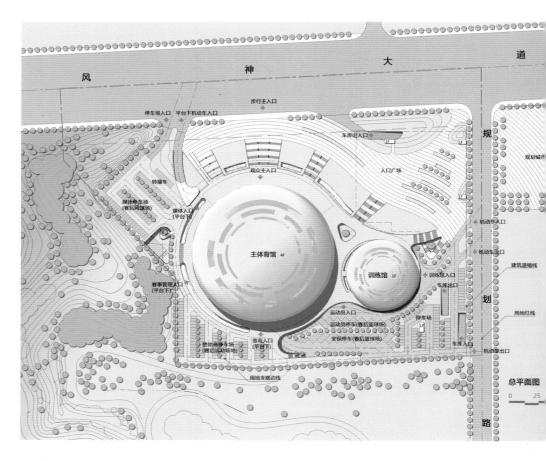

总平面图

总平面图

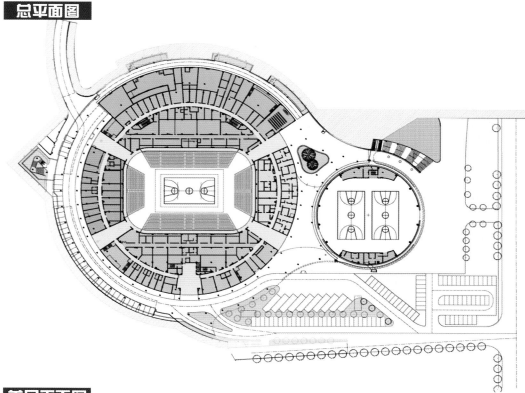

首层平面图

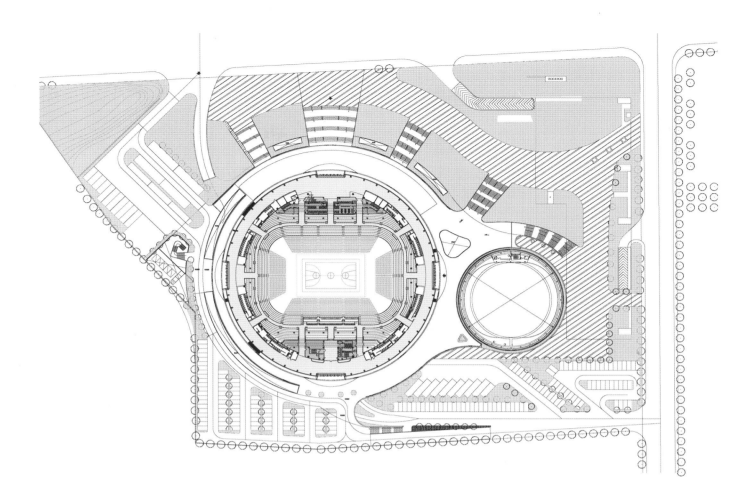

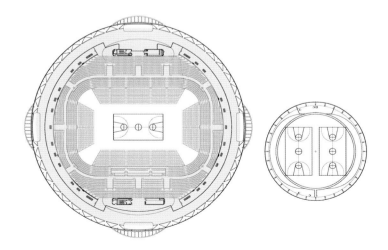

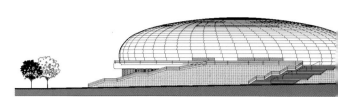

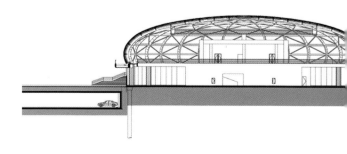

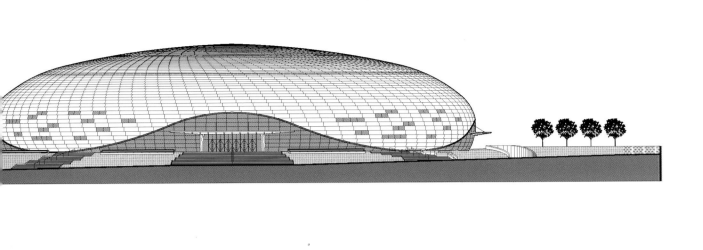

北立面图

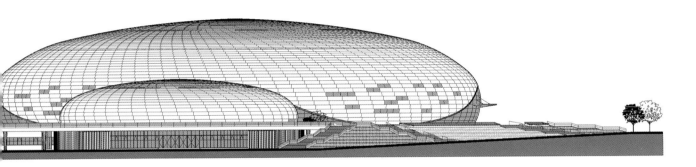

东立面图

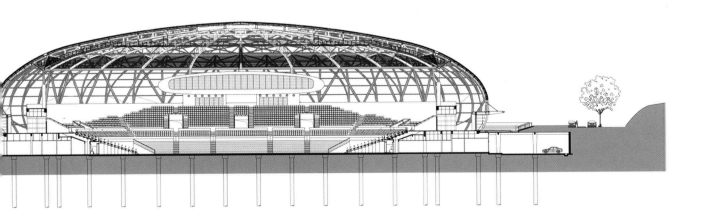

2010 年广州花都东风体育馆设计

作者：郭胜

项目背景

广州花都区亚运新体育馆位于花都汽车城风神大道的南侧，康体公园（飞鹅岭）的北侧。这里建成后将与其南侧计划兴建的康体公园融为一体，亚运会后将成为花都中心城区西部文化体育中心，同时也可成为汽车城工业产品的展览展销平台，充分发挥该场馆的赛后作用。

项目定位为亚运新建场馆工程中的一个新建项目，具有限额设计的要求。采用创新的材料和施工工艺，是每个建筑师的愿望，而现实是往往不可能每个建筑都有足够的资金支撑和施工周期去达到满意的效果。理性地采用相对成熟的结构体系、施工技术，对普通材料的创新运用是该项目的最优选择。

1. 和谐共生——基于环境的总体设计

"建筑设计从功能出发，建筑形式是内部功能的忠实反应"。回顾体育建筑的历史，我们可以发现，在理性主义的设计理念下出现过众多的大师和杰作。出于对狭隘的功能主义的反思，体育设施的相关研究已经扩大到城市设计研究的范畴，体育场馆建设不仅与大型体育赛事相关，更与城市发展、更新改造相呼应。越来越多尺度亲切、功能配置合理的各种体育设施成为有意义的公共活动场所。现代体育建筑的设计早已突破以往局限于从内到外的单项思维。关注城市整体环境、城市生活需求，从理性、实际的城市设计分析入手，已成为体育建筑设计重要的理性原则。

体育馆基地的北侧及东侧为居民住宅，南侧为规划的康体公园，西侧为山体。在权衡业主、资金、施工周期等综合因素分析比较后，我们放弃了非线性的自由建筑形态，采用最简约的几何形体量处理方法，以简单实用为基调，以完整的体量与开阔的空间和周边建筑取得平衡。

"青山翠微迎露珠，秋意新雨霁绿藓。"我们采用了一个露珠般圆滑的简单椭球形态，与青山相互映衬。没有了棱角，避免了与周边建筑，特别是居民住宅的矛盾冲突，达到了与周围环境的融洽、和谐。同时也尽可能发挥用地的地域条件及景观资源，以相对独特的建筑形象与空间特点使之成为当地的地标。

在椭圆体形基础上，金属屋面板、玻璃幕墙以及玻璃雨棚共同描绘出飞扬动感的曲线，使得整体具有飘逸、空灵、自由流畅的动态形象。不规则的侧窗、天窗在打破简单、呆板外观形象的同时，为室内空间带来灵动、通透的光。此时从第五立面看，体育馆又成了含苞待放的花蕾。

2. 精致合宜——空间形态表达功能及结构形态

建筑空间处理考虑体育建筑的基本要求，对大跨度、大空间的"量体裁衣"是我们始终坚持的原则。体育馆造型的产生和优化在"表里如一、主从有别、形意关联"理性的设计原则下，不断精致更加合体。

建筑结构与建筑表皮、内部空间空间的一体化设计，力求结构与建筑形式的最佳平衡。室内设计、室外景观设计与建筑设计一体化，空间效果、造型形式、材料比例的统一考虑，力求简洁大气、一气呵成、表里如一。屋顶与立面不可分离，室内空间也浑然一体，实现室内外流畅、匀质、飘逸的整体空间。利用玻璃、不锈钢板、清水混凝土等材质组合，凸显建筑的简洁、灵动、大气的现代感。

体育馆可以概括为两大功能空间所形成的大体量——比赛馆和训练馆。主从有别的两个体量间由曲线平台连接，形成自由、流畅的统一整体。比赛馆内观众休息厅与比赛大厅相互联通，在有限的结构空间中实现建筑使用空间的最大化，创造出扩大化的视觉感观及使用效率，从而节省面积。

比赛馆的大空间椭球壳体，集建筑、材料、设备、结构等科技于一身，充分体现出表里如一的一体化原则。金属屋面系统整合虹吸雨水系统、防雷系统等功能性需求，玻璃幕墙与金属幕墙设计相结合，墙面与屋顶浑然一体。从满足功能（防水、保温、声学、消防排烟、采光等）及美观效果方面出发，壳体的不同层次构造都经过精心设计，分为蜂窝铝板（外装饰）、铝镁锰合金板（防水板）、玻璃纤维棉（保温、吸声）、穿孔铝板吊顶（内装饰）等。真正起屋面作用的铝镁锰板屋面形成一个完整的椭圆半球体。顶部真假天窗的设计，在满足不规则的第五立面需求的同时，内部的形式遵循建筑结构的规律性。错缝布置的扇形装饰性蜂窝铝板架于防水板之上，顶部曲率平缓段（天窗以上范围内）采用密缝做法，减少天窗漏水的几率，雨水在表面分流至屋面天沟中，再以虹吸系统排走，曲率较大段采用开缝做法（天窗以下范围），雨水可以自由穿越装饰板到达防水板面，流至下部排水沟。

考虑到施工和加工周期等因素，构件尽可能标准化。设置电动排烟窗满足消防排烟需要，设有采用环向运动的电动马道，满足各类检修及使用功能的需要。

3. 优美创新——结构设计

体育建筑的大空间形象塑造依赖于对结构形态美学

的正确表达。结构的技术美所刻意表现的正是体育竞技的运动美。明晰结构的受力特性,挖掘受力特性、几何特性和艺术美的内在联系,充分展现结构"骨子里的美",是设计师的设计素养及职业要求。发挥结构构件的几何特性,构成不同的"符号和语言系统",通过外露富有表现力的钢构架及几何特征明显构造节点表现出体育建筑的运动之美和可识别性。对于大跨度建筑来说,结构和屋面系统需要遵循基本的受力原则和屋面材料的特性要求。脱离结构的基本受力原则,会造成构件不合理性及复杂性,加大施工难度,无视屋面材料特性与国内工程技术条件,会影响建筑最终的完成度,并造成荷载分布畸形、材料浪费。如何在有限的经济条件下结构有所创新,是困扰设计者很久的问题。意大利文艺复兴最伟大的纪念碑式建筑代表——圣彼得大教堂,建成之后,出现过几次裂缝,陆续在不同高度加了3道铁链。受此启发,结构设计借鉴箍桶原理,创新性地设计出了环行管内预应力大跨度钢结构体系。

这是国内首次将环形预应力应用在大跨度场馆设计中。比赛馆采用肋形穹顶结构,底部采用封闭的环性三角桁架,为减小穹顶产生的拉力,减小三角桁架圆管的截面尺寸,同时改善径向桁架的受力,在环性三角桁架的底部管和室外侧管中施加环形预应力,形成高效预应力钢结构体系。施加预应力后,结构工作效率得到全面提升,构件结构较小,结构安全储备增加。

比赛馆屋盖采用24榀空腹刚架结构。屋盖结构体系由径向空腹刚架与环向联系杆件组成球面网壳,径向空腹刚架与横向联系组成壳体下部支承于环向大桁架上,环向大桁架弦杆管内施加预应力,上部支承于中央刚性压力环;底部受拉圈梁支承于环向布置的V形柱,柱顶节点采用铸钢件,柱底为径向单铰支座;连廊部分的主要结构为Y形环向布置的人字柱,柱脚为万向铰支座。

训练馆屋盖采用单层球面网壳结构。单层网壳结构由径向的变截面箱形刚架和纬向钢梁构成。柱脚采用径向释放销轴支座,有利于抵抗温度产生的荷载;规则的结构体形也有利于温度的荷载释放。

两馆的钢结构体系均支承在下部钢筋混凝土框架结构上。训练馆直径56m,支承钢穹顶的为环形钢筋混凝土梁。为消除穹顶在环梁中产生的轴拉力,施加有粘接部分预应力。比赛馆直径116m,为减小温度应力产生混凝土裂缝,分别布置环形和放射状预应力,实践证明,楼面含二层露天平台均未出现可见裂缝,无渗漏现象,实际效果较好。主体育馆和训练馆在5.5m平台设置抗震缝将两馆分开。

4. 灵活多样——完备功能体现建筑价值

现代的体育馆设计要求全面考虑赛时赛后运营的多功能使用。体育建筑的本源在于为体育赛事提供设施完备的竞技场地,满足运动员的比赛要求,因此根据体育赛事的运行需求划分功能分区。设置四大功能区块:比赛场地区、观众活动区、内部服务区、训练场地区。内部服务区又根据大型体育比赛的需求,划为运动员区、贵宾区、赛事运行区、媒体区等。各个功能分区明确、联系紧密,均有各自独立的出入口。

除了满足大型国际体育赛事的复杂使用要求,充分考虑全民健身需求以及不同公众活动的需求。在场地设计、流程设计、设备使用上考虑了赛后利用的灵活性,满足分区使用的需求。

场地设计综合考虑了赛后多种利用的要求。以确保体育场馆最大的灵活性、适应性为原则,体育馆的场地选型尺寸为44m×70m,采用灵活的座椅布置来适应各种比赛对于场地的不同要求,力求达到最大的适应性。除了满足篮球、排球、羽毛球、乒乓球等比赛场地要求,还能满足各种展览会的要求及各类企业文体活动的要求。场地铺设可拆卸式活动木地板,减少举办各种展会活动对场地所造成的影响。

训练馆独立设置有利于独立使用,设有独立出入口及配套设施,可单独对外开放经营。同时,也可综合利用体育馆与训练馆,举办更为大型的活动,实现了场馆多功能一体化的目标。空间的集约使用,在有限的体积内尽量完成最大灵活性的功能转换。

5. 发展永续——节能降耗设计

建筑节能提倡全生命周期的节能,从规划设计的初始,建造过程,建成使用的全程均应考虑物尽其用,减少能源消耗。以合宜的技术和低成本实现功能与形式的最大化,采用集约化设计带来各种设备的效率提高。体育馆在设计中同时还使用了自然采光、自然通风、隔热保温、节能材料、设备的智能化监控等有效的节能环保手段。设计中不墨守成规,不唯技术论,也不勉强求新求异,追求简洁而不简陋的效果。

结合时代科技,引自然之源入室。通过金属屋面系统的可开启电动侧窗等,可根据外部气候条件控制其开闭。底层架空层空间抽象于巷道空间,形成通风道。

强调光导入,引光于自然,控光于智能化系统。屋顶采光天窗为建筑内部带来灵动生气的同时,节约日常

的照明费用。由智能化管理系统,统筹自然采光、遮阳系统(可调节的电动百叶系统),感知室内外光线,调控遮阳系统方向,以及室内场地照明系统的开启和关闭等。

利用土方高差关系实现场地利用和流线的综合利用。场地交通流线清晰便捷,实现有效的人车分流,上下分流、内外分流,同时在充分理解场地高差的基础上实现最佳的土方平衡,节约投资。通过对体育场馆场地的合理选型,馆内外整合设计,实现赛时功能完备,赛后利用方便的功能特点,贯彻可持续性设计的方针。

声学处理方案结合结构形式、建筑构造形式,满足建筑装饰要求;金属屋面内顶棚采用穿孔铝板,内置吸声棉;场地的墙面采用菱镁孔槽吸声板,后置吸声棉;环形三角形桁架内布置吸声体,为场地创造良好的声学效果。

物为我用,对于所使用的资源要有节制,合理地使用资源。其中包括实现低碳技术,在有限的成本中采用适宜的材料和技术;不盲目追求昂贵的绿色技术和材料的奢华使用,达到美观、实用、经济的效果。

通过创新的结构设计降低造价,节省投资。采用环行管内预应力大跨度钢结构体系,不仅增加了结构的整体刚度,提高了安全性能,而且减少了用钢量,降低了工程造价,产生了良好的经济效益。总体用钢量最优,仅为87kg/m²,是同类钢结构场馆中用钢量最低的项目。根据本工程地质复杂多变的特点,同时采用了天然地基上的独立基础、摩擦桩基础和端承桩基础混合基础设计方式,从而节省造价。

在材料的选用上也尽量降低造价。地面铺设的不是豪华的石料板材,而是普通的地面砖。采用中空夹胶Low-E钢化玻璃及加气混凝土砌块等绿色建材。

广场铺设透水砖,大面积的绿化草坪,结合山体形成场地内的小气候环境。建筑首层超过一半位于半地下,大范围的架空层减少太阳的辐射影响。利用自然通风、天窗采光等实现节约营运成本。在设计中,充分融合被动式节能与主动式节能技术,以更好地达到绿色环保效果。

小结

技术的进步、材料的创新并不是为求异,而是为更好地服务与建造的本质——满足人的需要。作为公益事业的体育建筑,更是以长期服务于普通大众为目标。花都体育馆是我们在理性精神的指导下,融合地域特征与现代体育建筑功能的需求,实现建筑形式与功能的完美结合,创造理性建筑的典范的一次尝试。我们希望提供设施完备、功能多样、外观优美的公共空间,能为区域发展提供动力和硬件支撑。

基于动力弹塑性分析的大跨度场馆结构优化设计

作者：陈星　丁锡荣　焦柯

1.前言

大跨度空间结构已在体育场馆、展览馆等得到广泛应用。一个合理的空间结构设计方案不仅具有足够的承载力和延性，同时也可以节省材料。钢材作为一种高强轻质材料往往用于大跨度场馆上部结构，目的是减小其自重，避免了由于质量增加所引起的地震力的增大，而下部采用混凝土结构。大跨度场馆对风、温度以及竖向地震较为敏感，设计中必须加以考虑。无论从技术难度或者经济效益，做好大跨度场馆设计的重要性都是不言而喻的。

大跨度场馆是十分有必要进行罕遇地震下的动力弹塑性分析的。首先，是验证弹性计算结果安全度，找出结构的破坏模式，查明应力、变形、稳定等方面是否符合指标。其次，了解结构中进入塑性构件的数量、分布及发展情况，检查各构件承载力之间的相互关系，找出结构的薄弱层，特别对长悬臂结构、大跨度结构的支座及其下部支承杆件、不同曲面的过渡区、跨中振动敏感杆件，验证结构在罕遇地震下的抗倒塌能力，从而判断结构抗震性能水准，并采取有针对性的抗震措施，保证结构安全。另外，结构进入塑性后力的重新分配使得结构各方面的性能也与弹性有所不同，其支承体系、支座形式、加强杆件、节点构造方面基于弹性分析设计所做的抗震措施及安全储备，未必合理，有些过于保守，有必要根据弹塑性分析结果进行优化。

2.分析软件及计算模型

本文采用 GSEPA+ABAQUS 进行弹塑性时程分析。GSEPA 是一个将通用分析与设计软件 GSSAP 的模型转化并生成 ABAQUS 模型的程序，也就是为弹塑性分析进行数据准备。工程采用两种基本材料，即钢材和混凝土。混凝土采用弹塑性损伤模型。混凝土材料进入塑性状态伴随着刚度的降低，其刚度损伤分别由受拉损伤参数 DT 和受压损伤参数 DC 来表达，DT 和 DC 由混凝土材料进入塑性状态的程度决定，其数值参照混凝土材料单轴拉压的滞回曲线给出。混凝土计算选用《混凝土结构设计规范》（GB50010—2002）附录 C 提供的受拉、受压应力—应变关系作为混凝土滞回曲线的骨架线，加上损伤参数构成了一条完整的混凝土拉压滞回曲线。钢材的屈服和强化采用等向强化二折线模型，滞回曲线强化段 E'=0.01E，采用 MISES 屈服准则。

模型中一维梁柱构件采用 ABAQUS 的 B31 梁元模拟，该单元采用纤维束模型，能同时考虑弯曲和轴力的耦合效应；并且是 TIMOSHENKO 梁，梁有剪切变形刚度；转角和位移分别插值，是 Co 型单元，容易和板柱单元连接；采用 GREEN 应变计算公式，能正确计算梁在大转动，大应变和大位移的应变。二维剪力墙和楼板构件用壳元 S4R 和 S3R 模拟。ABAQUS 的 S4R 和 S3R 单元可采用弹塑性损伤模型本构关系；可考虑多层分布钢筋；转角和位移分别插值，是 Co 型单元，与梁单元的连接容易；可模拟大变形、大应变，适合模拟剪力墙在大震作用下进入塑性的状态。

3.地震波选取

按照振震规范要求，罕遇地震弹塑性时程分析所选用的单条地震波需满足以下频谱特性：特征周期与场地特征接近；最大峰值符合规范要求（7 度为 220GAL）；持续时间为结构第一周期的 5~10 倍；时程波对应的加速度反应谱在结构各周期上与规范反应谱相差不超过 20%。

以篮球馆为例，按照工程场地条件，选取了罕遇地震下的一组人工地震波和二组天然波（ELCENTRO 波和 LAN 波）作为非线性动力时程分析的地震输入。考虑了竖向地震，主、次、竖向地震波峰值加速度比为 1：0.85：0.65，罕遇地震最大加速度取 220GAL.

4.篮球馆动力弹塑性分析及优化

4.1　结构特点

图 1 是花都区亚运会篮球馆结构布置，结构下部采用混凝土，上部为钢结构。屋盖结构体系由径向空腹刚架与环向联系杆件组成球面网壳，直径 120m。径向空腹刚架与横向联系构件组成壳体，支承于环向大桁架上（环向大桁架弦杆管内施加预应力），底部受拉圈梁支承于环向布置人字柱，柱顶节点采用铸钢件，柱底为径向单铰支座；通廊部分的主要结构为 Y 形环向布置的人字柱，柱脚为万向铰支座。

4.2　优化前的计算结果

4.2.1　动力特性

结构的前三阶振型以球面竖向振动为主，Z 向变形较大，但保持对称。

4.2.2 网壳应力及塑性应变

计算结果显示，上部网壳在小震弹性作用下的最大组合应力是 190MPa，相当于极限应力（310MPa）的 61.2%，满足设计要求。结构应力分布对称，但不均匀，大多数构件组合应力是 100MPa 左右。经大震下动力弹塑性分析，有一部分构件进入塑性，而绝大多数构件应力较小，结构顶点位移为 449mm。从篮球馆上部网壳结构经过 15s 人工地震波作用后塑性变形图。看出网壳中发生塑性应变的构件主要是屋面支撑以及径向下弦梁，而其他构件没有屈服。这表明网壳结构构件受力不均匀，屋面支撑布置不合理，支座边界处过强，自重及地震力偏大，实质上是结构构件该刚度加强的地方不强，而该释放的地方过强，网壳刚度不均匀，须对网壳进行整体刚度优化。

4.3 优化措施及目的

根据小震设计及大震下计算结果，对原方案采取以下措施：

（1）改变屋面刚性支撑结构布置，使结构受力均匀，减小塑性变形。

（2）通过优化截面尺寸，减少屋盖重量并使刚度更加均匀，包括大门圈梁、中央刚性圈梁、外侧 Y 形柱、刚性圈梁上弦等。

（3）在外围环向弦杆加预应力，减小屋盖竖直方向位移。

4.4 对比及结论

（1）优化后钢材用量减少 13%。

（2）结构第一周期是上部网壳的振动，优化后第一周期减少 8%。

（3）X 向、Y 向最大基底剪力分别减小 14.8%、19.1%。

（4）顶点 Z 向最大位移减小 25.3%。

（5）除了外钢柱和连梁，其余钢构件最大塑性应变都有所减小。

（6）施加预应力后，结构在竖向荷载作用下位移由原来 157mm 减小为 141mm，位移减小 10.2%。

通过大震下动力弹塑性分析，发现了弹性设计和计算时没有发现的整体刚度不均匀所造成局部地震力偏大问题。通过对网壳整体优化，节省了钢材用量，同时也使结构受力均匀，减小构件塑性变形，提高结构安全度。

5.历史展览馆动力弹塑性分析

5.1 结构特点

图 2 是亚运会历史博物馆结构布置。比赛期间的使用面积为 3677m²，平面尺寸为 56m×35m，屋面高度 25.8m。由观众平台下的展厅、螺旋坡道展厅以及两场馆的屋顶结晶连接体三部分组成。碗体结构悬挑 33m，通过下部碗底托梁支承在核心筒，核心筒平面尺寸为 8m×6.6m。

5.2 优化前计算结果

5.2.1 剪力墙受压损伤

根据第一阶段弹性设计，核心筒剪力墙的抗弯和抗剪承载力，都符合规范要求，但是通过大震下动力弹塑性分析发现，在 15s 时刻核心筒混凝土受压损伤系数已经达到 90%，混凝土已经被压碎，应对其进行加强。从核心筒混凝土不同时刻受压损伤图中看出，损伤首先从碗底和墙底处剪力墙开始发展，碗底处剪力墙承着碗底托梁传来的剪力，应力相对较大，所以损伤严重。

5.2.2 钢材应力及塑性变形

小震下碗底支撑最大组合应力为 173MPa，相当于极限应力（310MPa）的 55.8%，满足设计要求。但经大震下动力弹塑性分析，由于损伤的累积，到 20s 时刻，结构碗底两边托梁进入塑性，塑性应变值为 4.3E-8，属轻微型。由于碗底支承上部网壳结构，是重要的受力构件，不允许发生塑性应变，必须对其进行加强和优化。

5.3 优化措施及目的

（1）在核心筒墙体植入厚度为 25mm 钢板，增加剪力墙抗弯和抗剪承载力。

（2）在碗底处增加墙体，起耗能作用。

（3）加大碗底托梁在核心筒连接处截面，箱形截面尺寸由 400mm×800mm×20mm×20mm 改为 400mm×800mm×30mm×30mm，减小截面应力。

5.4 对比及结论

（1）剪力墙受拉损伤

图 3 是优化过程中核心筒混凝土受拉损伤图，从图中可见，植入钢板有效地减小了剪力墙混凝土受拉损伤的范围和程度。增加连接墙体后，结构损伤集中在连接

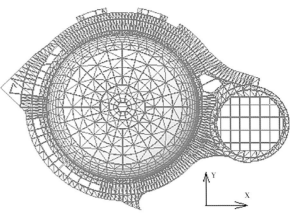

图 1 篮球馆的结构布置

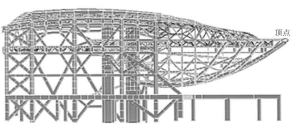

（a）侧立面图

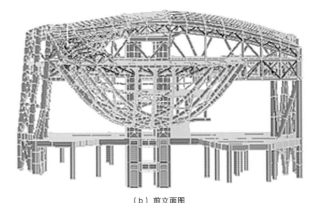

（b）前立面图

图 2 历史展览馆结构布置

处墙体，起到耗能作用。

（2）顶点位移

图 4 是模型 1 和模型 3 碗体悬挑端顶点 Z 向位移时程曲线，顶点位置见图 2-a。从图中可以看出，优化前结构顶点最大位移值为 –0.1925，优化后最大位移值为 –0.1123，减少 41.7%。

（3）优化后，碗底托梁最大应力小于 345MPa，处于弹性状态。

历史展览馆结构较复杂，结构中存在的危险点和结构破坏模式仅通过弹性计算难以发现，通过大震下动力弹塑性分析，发现了结构在大震作用下两个薄弱部位，分别是核心筒剪力墙受压破坏和碗底托梁屈服破坏，经优化后，核心筒混凝土受压损伤程度由 92% 减少为 34%，悬挑网壳大震下最大挠度减少 41.7%，仅仅增加了很少的工程费用，却大大提高了结构的承载力和结构安全度。

6.体操馆动力弹塑性分析

6.1　结构特点

图 5 为体操馆结构布置。体操馆下部结构为三层钢筋混凝土框架结构，上部结构采用钢结构，平面尺寸 220m×120m，总建筑面积 24738m²，屋面高度 34m，中心网架跨度 110m，左边网架悬挑长度达 25m，飘带处跨度 30m。

6.2　优化前的计算结果

结构在大震作用下，有三处位移过大，15s 时刻，位移最大点出现在中心网架右侧，此时最大竖向位移达 325mm；19s 时刻，位移最大点出现在飘带，最大竖向位移达 426mm；20s 时刻，位移最大点出现在左边悬挑网架，此时最大竖向位移达 361mm，须对这三处薄弱部位进行局部优化。

6.3　优化措施及目的

（1）为了减小位移，在左悬挑网架、飘带及中心网架加入钢板（5mm 厚）和槽钢（100x48x5.3/8.5），加强网架整体竖向刚度。

（2）为了减小飘带在温度和地震作用下的支座反

力，将原方案约束所有支座自由度改为只约束平动自由度，而且节点 6877、6736、6738、6746、928 处支座只约束竖向自由度，其余自由度释放。

6.4　对比及结论

（1）验算结果表明，优化后地震作用下竖向位移减小 15% ~ 25%，并减小了构件塑性应变。

（2）飘带处支座在不同边界条件下基底剪力对比，优化后飘带处基底剪力明显减小。

体操馆经小震弹性分析，应力、变形、稳定等方面符合规范指标，通过大震下动力弹塑性分析，发现了结构中三个薄弱部位，分别是悬挑网架、飘带、中心网架，结合建筑要求，分别对其采取不同的措施进行局部加强，有效地减少了结构竖向位移和构件塑性变形，提高了这三个部位抗震安全。

小结

（1）篮球馆上部网壳钢构件 MISES 应力及塑性应变不大，在保证结构安全性基础上继续减小钢材用量，并使受力更加合理；上部网壳竖向位移过大，通过在环向大桁架弦杆管内施加预应力，从而减小位移。

（2）历史展览馆核心筒大震下受拉损伤严重，采取在剪力剪植入钢板并增加耗能墙体，使损伤集中在新加墙体，有效减小损伤；碗底托梁应力最大值已超过极限应力限值，采取梁根部尺寸变截面措施，使应力控制在弹性极限范围内。

（3）体操馆飘带、左悬挑端、中心网架在大震作用下竖向位移过大，通过植入钢板和槽钢，有效减小位移；飘带在温度和地震作下基底剪力过大，通过释放支座自由度，有效减小基底剪力。

（4）长悬臂结构、大跨度结构除进行常规竖向和风荷载、温度验算外，还应通过动力弹塑性分析对其支座及下部支承杆件、不同曲面的过渡区、跨中振动敏感杆件进行分析，通过结构优化及针对性的抗震措施，提高结构抗震性能。

（5）大型场馆结构优化是一项复杂的系统工作，必须将第一阶段的强度设计与第二阶段的弹塑性变形验算相结合，经多次反复论证，才能得到一个合理的优化方案。对大悬臂结构、跨度超过 80m 的场馆和复杂钢结构工程，应进行基于动力弹塑性分析的结构优化设计。

（a）模型 1– 原方案

（b）模型 2– 植入钢板

（c）模型 3– 增加墙体

图 3　核心筒混凝土受拉损伤对比图

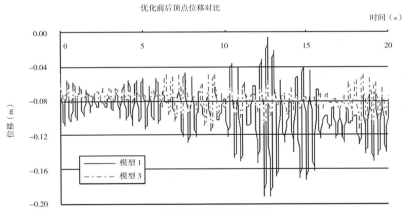

图 4　优化前后结构顶点 Z 向位移对比图

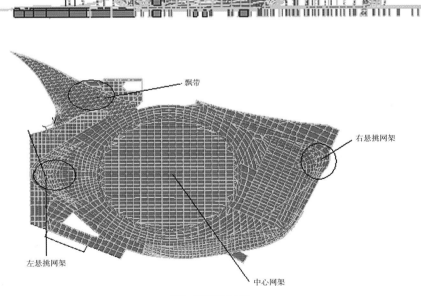

图 5　体操馆结构布置

广州中医药大学体育馆

GUANGZHOU VELODROME OF 16TH ASIAN GAMES 2010

2010年广州亚运会
排球训练馆

设计人：

孙礼军　梁海岫　谭伟东　甄庆华

陈小芳　李司秀　黎　洁　林力生

张　珩　吴勇军　李　宁

建设地点：广州市番禺区

用地面积：5351m²

总建筑面积：7387m²

体育场规模：1856座

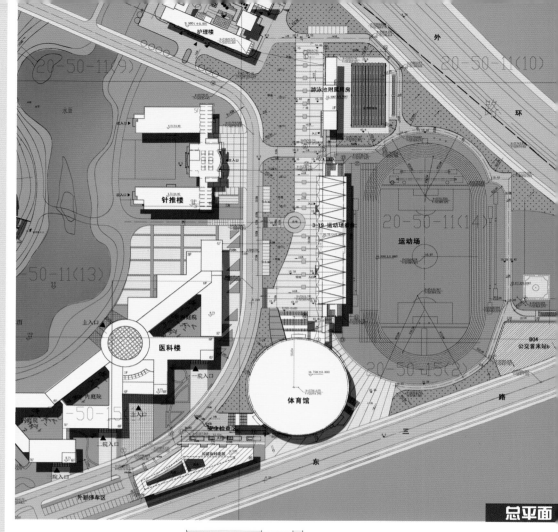

总平面

首层平面图

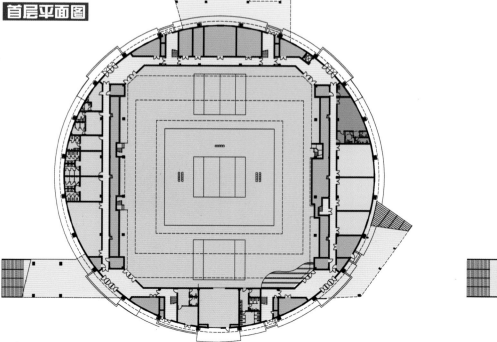

建筑设计及实景

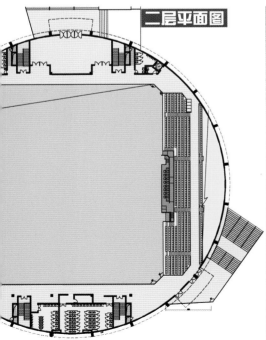

二层平面图

2010年广州亚运会
排球训练馆

广州中医药大学体育馆平时是广州中医药大学国际学院的体育教学实践及举办体育比赛的场所。设计中注意结合学校体育馆的特点，融合教学功能和训练功能。同时考虑一部分体育部的办公用房。2007年10月在此已经成功举办全国大学生运动会武术比赛。

设计结合不规则地形，考虑到主馆室内的最佳座位布置，将主馆设计为圆形平面，最大限度地化解不规则地形对功能的限制，并设计了一条环形通廊，将多个入口合理组织起来，兼有解决主馆人流疏散的作用。圆形平面形式缩短了各个功能用房与活动主空间之间的交通距离。

建筑整体风格与广州中医药大学大学城新校园教学区相协调，建筑造型与外墙材料以简洁、明快为特色，具有中医药大学建筑的特色，建筑整体为白色与浅灰色，局部穿插浅绿色。外部立柱的处理手法增加了建筑的细部和力量感。

内景

立面图

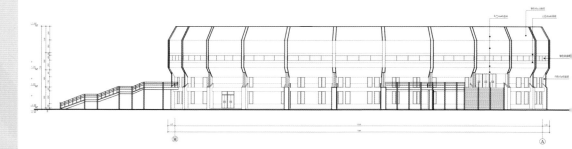

实景照片

剖面图

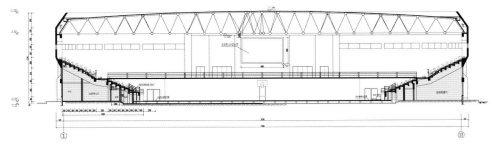

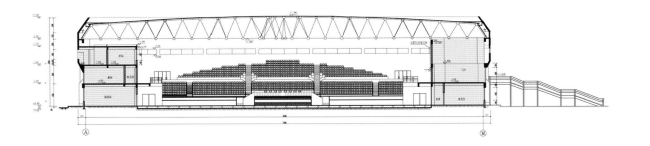

高校体育馆的设计、使用与改造刍议

发表于《新建筑》2010 年第四期

作者：梁海岫

近年来我国体育事业蒸蒸日上，体育场馆建设以前所未有的速度发展，出现了一大批高质量的体育场馆，其中北京奥运系列场馆成功举办 2008 年奥运会，极大地激发了全国人民参与体育运动的热情。广州 2010 年亚运会也在紧张的筹办中，借鉴国际和国内的经验，将 40 多个比赛项目中大多数比赛和训练安排在广州高校和大学城各校区的体育场馆举行，其中广州大学城广州中医药大学体育馆，将举办 2010 亚运会卡巴迪比赛与手球训练，该馆位于广州番禺小谷围岛广州大学城广州中医药大学校区内，于 2005 年建成使用，2007 年曾作为第八届全国大学生运动会的武术比赛场馆，目前正在进行亚运会的改造工程设计。以下将结合几个设计阶段的体会，谈谈对高校体育馆不同于城市体育馆的特点。

城市体育馆是指政府投资举办体育文艺活动，并开放给广大市民使用的专业体育馆，高校体育馆是指建设在高校内，主要为体育教学使用，也能承担比赛项目的非专业体育馆。非专业并非是指设计或者施工的不专业，而是为了区别于城市体育馆的设计标准提出的。下表为城市体育馆与高校体育馆在设计上的一些区别：

比较类型	城市体育馆	高校体育馆
规模用地	规模大，独立完整的城市用地	校区内用地，规模较小
功能组成	正式比赛、群众运动	体育教学、文艺集会、师生锻炼、群众运动
建筑标准	以级别和观众座位数确定标准	以容纳体育教学的场地使用面积为标准
形象要求	独立的个性形象展示	与校园环境保持整体性
设计目标	满足体育建筑设计规范	满足规范，更要满足场地面积比
体育类型	竞技型体育	参与型体育（体育教学、体育参与）

1.设计前的定位——规模与功能

高校体育馆在设计前的项目策划阶段应该考虑到日后的教学使用和多功能改造，而非仅仅为了举办专业比赛。编制任务书时需要注重优化功能，增加有效的使用面积（有效使用面积是指体育教学所使用的面积与场地面积比），提高空间利用率，增强场地多功能的使用，当然也要考虑对社会开放的便利性。

1.1 建设规模

按照《体育馆建筑设计规范》JGJ31-2003（以下简称设计规范），广州中医药大学体育馆是举办全国性的体育赛事——大运会比赛的体育馆，等级定位应该是甲级体育馆，若按照亚运会比赛的定位则是特级。设计规范要建

设这样一座高级别的体育馆对大学来说是不胜重负的，并且日后的体育教学使用亦不便。如 2000 年 9 月在成都举行的第 6 届大学生运动会就存在场地面积过小、坐席面积过大的问题，多数比赛场馆仅能容纳一块篮球场地，不能承担日后体育教学及文艺活动的要求。大多数大学的学生规模都超过一万人，学校的体育馆仅仅是一片篮球场地，显然与高校规模无法匹配，《普通高等学校建筑规划面积指标》（以下简称 92 指标）规定是风雨操场的建筑面积，但场地面积才是高校体育馆的面积关键。因此，广州大学城建设指挥部明确规定大学城二期所有体育场馆的场地规模统一为 50m×40m，广州中医药大学体育馆等级为乙级，建筑面积限制在 6500m^2，观众座位为 2000 个，无活动座位的要求。根据建设资金和学校的规模，参照 92 指标 1 万人大学的风雨操场为 3800m^2，适当放宽后应该说这样的定位是符合实际使用要求的。

1.2 使用功能

高校体育馆与城市体育馆都对体育建筑提出了多功能复合的要求，不同的是，后者由于规模较大，主要着眼于建筑功能的多元化，出发点是多种产业经营模式以维持体育场所的运转，体育功能与其他功能的关系是类似建筑综合体的功能并置互补的概念，如广东奥林匹克体育中心内的酒店、餐厅、会议，而高校体育馆规模不大，投资有限，更多是从实用的角度出发，将既有的体育建筑空间整合更多的功能，其原因一方面是体育教学的必需；另一方面是经济利益及后勤社会化推动下高校的经营性行为。

多功能的复合包含两个属性，首先是项目的多功能性，如多标准型场地，即比赛场地可以容纳多种比赛或者训练的要求，可以以班级上课单元作为基础，利用隔断进行场地划分。其次使用的多功能性，指的是体育馆的其他功能综合利用，如减少座位，设置活动座椅，扩大场地，以适应文娱集会等其他功能的要求。广州中医药大学体育馆以体育教学为首要功能，50m×40m 的比赛场地可以排列组合为 3 个篮球场、4 个排球场或 12 个羽毛球场，也可以作为文艺、集会活动。

2.设计中的策略

体育建筑的设计当然要符合体育建筑设计规范，但事实上从设计规范的角度来看，高校体育馆承办大型体育赛事时很多方面无法满足，这也是正常的现象。若严格按设计规范建设则会大大突破造价及面积限制，也不一定适合日后教学使用，设计规范的 6.1.6 条提及学校

体育馆的特殊性，但并未针对此提出相应条文，基本上从竞技型体育的角度出发制定规范条文，与高校体育馆参与型体育的实际使用情况有一定的出入，在设计中就应做出恰当的权衡。广州中医药大学体育馆设计当初定位为举办全国比赛的乙级馆和日后作为大学体育教学的主要场地，设计中把握了以下几个方面的设计策略。

2.1　有关设计规范的设计策略

体育馆日后的主要任务是体育教学，在面积造价限制下，结合设计规范采取了以下设计策略：

1）防火设计、视距、无障碍等基本建筑要求严格遵循设计规范。

2）满足设计规范的一般规定。如何合理安排人员出入口与流线、明确的功能区域、场地技术要求等。

3）根据大学城建设指挥部与校方的意见综合，设置50m×40m的比赛场地，若从城市体育馆的角度衡量，这样大型的场地与仅仅2000个座位相比是不成比例的，但这正是高校体育馆的最基本的要求——尽量扩大可用的场地面积，减少座位的数量，以求得使用的经济性与便利性。

4）辅助用房中，观众、贵宾的使用标准（各区域面积、服务设施数量等）符合乙级体育馆的要求。各设备用房满足使用要求。

5）基本满足运动员、裁判员用房标准的要求，更衣与休息室满足使用要求，局部房间如运动员检录室暂不能满足要求（比赛时候利用其他房间调配）。

6）适当减少竞赛管理用房和新闻媒体用房的标准，将二者的面积适当调配。经过大运会武术比赛的实际运作表明是行之有效的。这也为现在进行的亚运会的场馆改造提供了有益的思路。另外广播电视用房、技术设备用房、计时计分用房综合在一起，设置在三层平面上统一布置使用。

7）建筑净高的设计为13m，可以满足除了体操及艺术体操外大多数运动的要求。虽然高校体育馆承接正式比赛的机会很少，但从使用安全的角度来说，如排球不要碰到吊顶下的灯具，也应该选择国际排联规定的12.5m以上的高度。

8）设计以体育教学为主的指导思想，留出最大场地保证各项室内运动训练与比赛的使用需要，设计预留了活动座椅放置位置，以满足比赛与文娱活动时较多观众的需求。压缩一部分辅助用房，尽量扩大可使用的场地，这也是高校体育馆优化设计的策略之一。广州中医药大学体育馆的场地比达到了45%。

2.2　有关建筑形体的设计策略

高校体育馆一般设置在大学校园体育运动区内，是该区域的空间主角，整合周边相对空旷的运动空间，对校园总体空间形态起着重要的作用，也是体现大学生活泼生动的重要元素。体育馆规划应与学生宿舍保持方便的联系，一般位于校区的边缘，也方便未来对外开放。广州中医药大学体育馆位于大学城外环路与东三路的交界处。

在高校跨越式发展的建设中，出现了大量手法很新的设计作品，求"新"求"异"的建筑方案更多地是从建筑个体造型与内部空间出发来进行设计，但在大学校区却是要求立足于整个校园环境，契合该大学的办学理念与价值观，注重彼此相融，并非每个建筑都要成为学校的"标志性建筑"，以自我为中心的形体拼接在整体校园风格中是不太合适的，这样的观点一直为广州中医药大学校方所坚持，建成的广州大学城广州中医药大学校区低调朴素，整个校区统一在以白色为主色调间以灰绿色点缀的整体色调内，营造自然、纯粹、亲和的整体建筑观感。体育馆是校园建筑的一部分，建筑外形不宜过分夸张，这一点与城市体育馆有不同之处。

广州中医药大学体育馆是在资金与规模极度紧张的条件下建设的，为了整合校园资源，塑造和谐统一的建筑环境，营造具有校园特色的建筑空间，在总平面形体与建筑造型方面考虑了以下几点设计策略：

1）尊重校园环境，创造具有特色的建筑内外部空间。

2）根据总体布局与用地条件，采用化整为零、弱化边界的办法。用地呈不规则的三角形，与东面道路存在高差，设计采用正圆形的体型以适应地形形态，并适应校园总体规划肌理。

3）竖向设计因地制宜，降低建筑高度，建筑上部向内做收分以弱化建筑体量。

4）对现有环境的充分尊重，纯粹的圆形建筑布置在场地中心，体现对基地整体的控制，用地高度比周边道路普遍高出2~3m，但圆润的体量并未给下面的东三路造成压迫。

5）高校体育馆室外场地是高校体育建筑与周边环境的必要缓冲，平时室外广场成为适宜学生和大众活动的空间，设计中将体育馆、游泳馆、田径场室外空间统一布局考虑。

3.建成后的运作——高校体育馆的运作

3.1　高校体育馆多功能运作

基于以现有的空间承载更多的功能这样一种出发点，

设计中将根据辅助用房的性质来决定是否可以进行适量的压缩与承载更多的功能。辅助用房可以一房多用，运动员休息室在文艺演出的时候作为化妆间，亦可以作为展览招聘会后勤服务使用。建成后的广州中医药大学体育馆贵宾用房、新闻记者与电视转播用房、运动员裁判员更衣休息室、器材室等均可以根据不同情况灵活改作其他的功能。

大空间可以根据具体的使用要求进行灵活分割，边界随着功能的复合程度，多元化的种类以加调整，有利于多种功能的组合与叠加。广州中医药大学体育部门利用屏风将50m×40m的场地间隔开来分别进行羽毛球、武术、健美等体育课的教学。在大运会武术比赛举办期间利用幕布将比赛场与训练场隔离，举办文艺集会的时候则利用活动座位来进行组合。对于使用方来说，各设置一个比赛馆、一个训练馆是最好的方案，但当时的建设条件不允许这样做。

3.2　高校体育馆面向社会开放

高校在城市里具有很高的知名度，其体育场馆有完善的场地设施和专业的管理训练，再加上优美的环境和浓郁的文化气息，是社会大众理想的健身场所。教育部也出台了相关政策"体育资源、社会共享"的指导原则，将高校体育场馆纳入到全民健身体育发展战略的体系中去。高校体育馆主要目的是体育教学，使用时间是周一到周五的上课时间，群众锻炼是早晨、傍晚及周六、日全天，与高校教学时间正好错开。与其闲置不如充分利用，增加经费收入以维持体育馆运转。另外可以承办文娱活动，如青岛大学体育馆承办世界小姐选拔赛。也可对外承办比赛项目，如中医药大学体育馆承办大运会、亚运会的项目。但由于周边环境尚未配套成熟，广州大学城内的高校体育馆对社会开放的程度不高。

4.运作后的改造——以广州中医药大学体育馆亚运会改造为例

第16届亚运会2010年在广州举行，广州中医药大学体育馆是承办亚运会卡巴迪比赛与手球训练的场馆（后修改为排球训练馆）。2007年底广州市重点项目建设办公室要求各设计单位对体育设施进行摸查，并下发了亚组委关于第16届亚运会场馆建设项目要求，要求设计单位结合亚组委相关条件提出详细的各专业改造方案。

经过几轮的设施摸查并与亚组委技术部门沟通，除了设计规范所要求的甲级场馆条件外，根据亚组委文件增加了许多管理、安保方面的用房。结合广州中医药大学体育馆的实际情况，确定了改造的方案。

亚运城主媒体中心

GUANGZHOU VELODROME OF 16TH ASIAN GAMES 2010

2010年广州亚运会
亚运城主媒体中心

设计人：

潘　勇　陈　雄　陈　星　区　彤
周　昶　梁石开　郭　勇　庄孙毅
叶志良　梁杰发　赖文辉　曾乐元
何　军　卞　策　刘志雄

建设地点：广州亚运城
用地面积：67002m^2
总建筑面积：26856m^2

建筑设计及实景

2010年广州亚运会
亚运城主媒体中心

本工程建设场地位于广州市南部、番禺片区中东部，是规划中广州新城建设启动区。建设用地北临风景优美的亚运村莲花湾，与运动村、升旗广场隔水相望，是进入亚运村的门户地区。

本工程包括主媒体中心（永久性建筑）、媒体公共服务设施（临时建筑）及人行天桥（即空中漫步廊）。在 2010 年亚运会及残亚会举办其间，是一个能够满足各国记者对各项赛事进行采访、转播、报道、查询、联络等需求的设施。其中国际广播中心（IBC）负责为各国广播电视媒体提供服务，主新闻中心（MPC）负责为报业、通讯社等新闻机构提供服务。赛后媒体设施拆除，其中主媒体中心（四层）改建为商业中心，媒体公共服务设施（临建一层）全部拆除。

主媒体中心主要分国际广播中心及主新闻中心两大部分，建筑面积约为 43800m²，媒体公共服务设施（临时建筑）建筑面积为 10135m²，地下室为 13961m²（战时为人防），空中漫步廊为 7356m²。

该项目于 2008 年 6 月底完成初步设计，同年 8 月完成施工图设计，10 月启动工程施工，并于 2010 年 8 月 30 日竣工。体育场规模为 2022 座。

空中漫步廊

外立面实景照片

空中漫步廊鸟瞰图

室内中庭

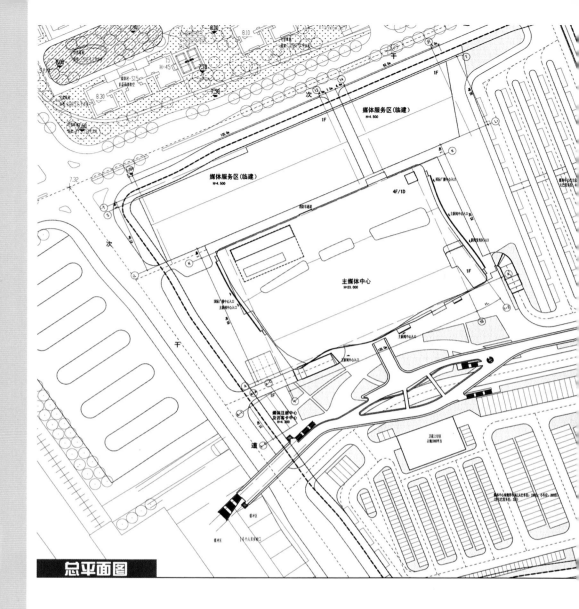

总平面图

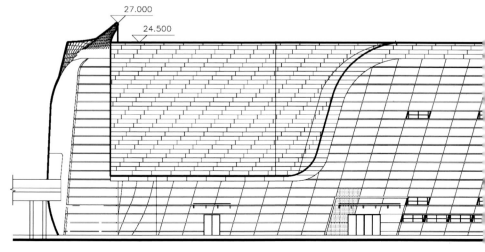

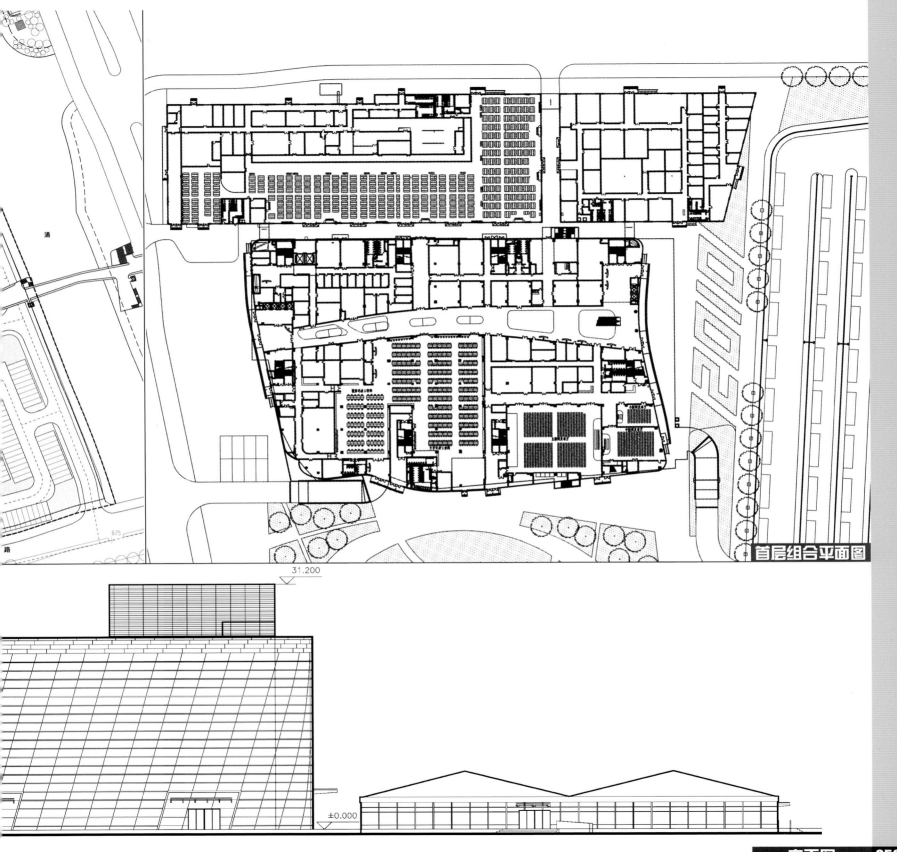

首层组合平面图

±0.000

31.200

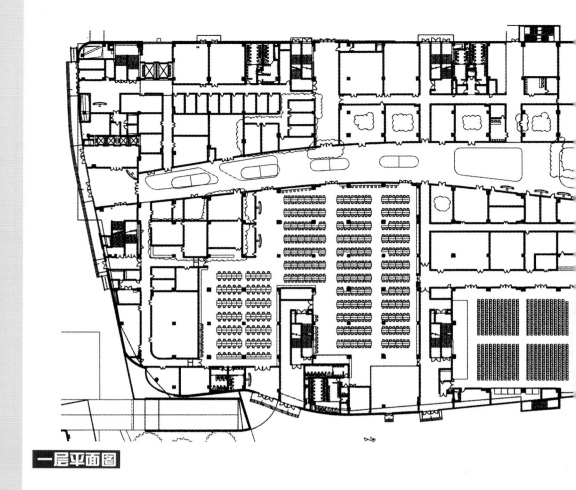

一层平面图

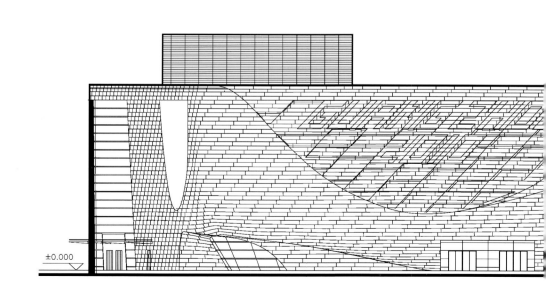

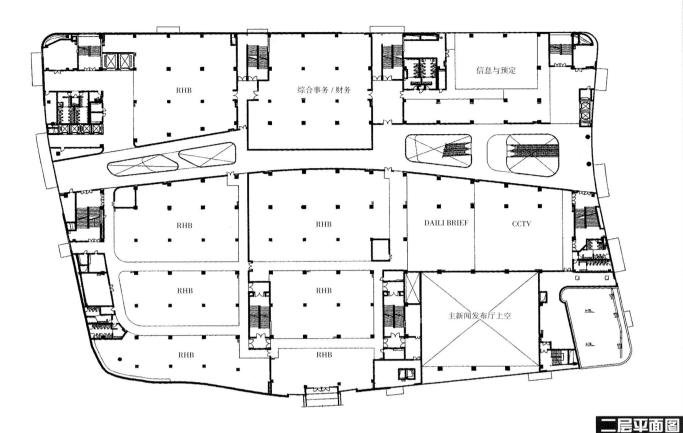

信息与预定

综合事务/财务

RHB

RHB

RHB

DAILI BRIEF

CCTV

RHB

RHB

RHB

RHB

主新闻发布厅上空

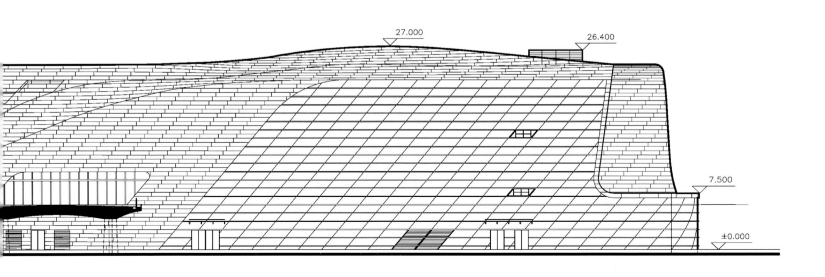

27.000

26.400

7.500

±0.000

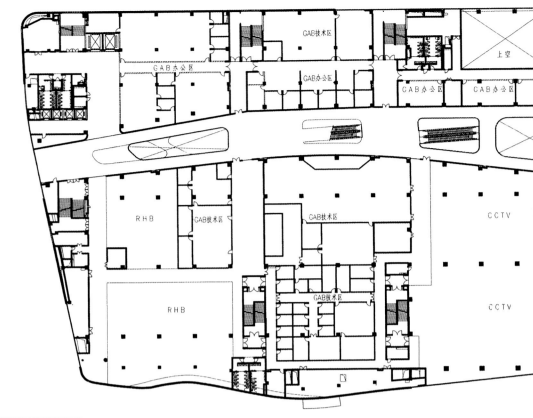

三层平面图

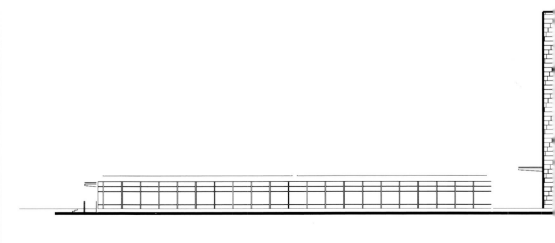

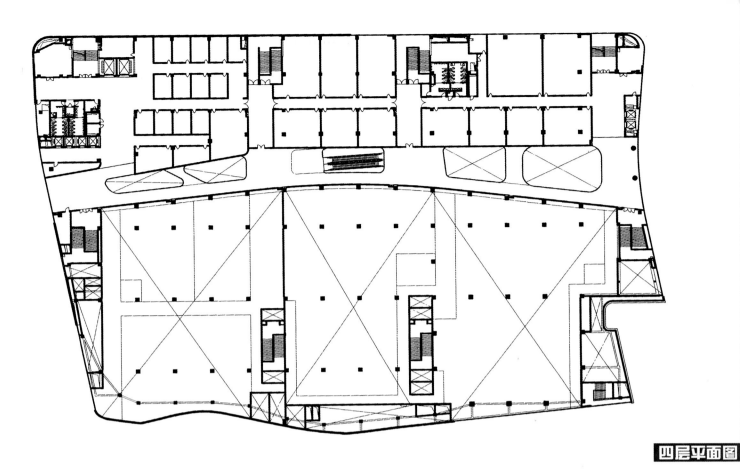

四层平面图

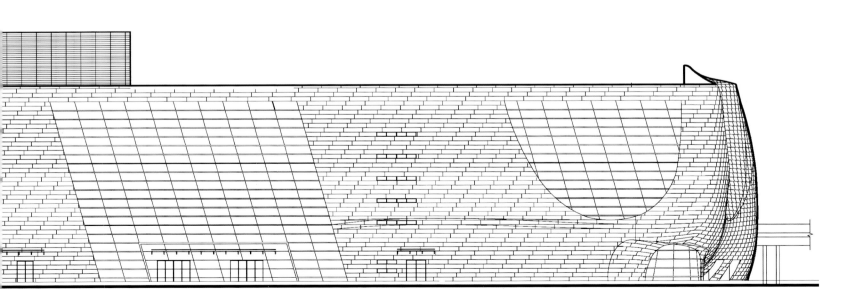

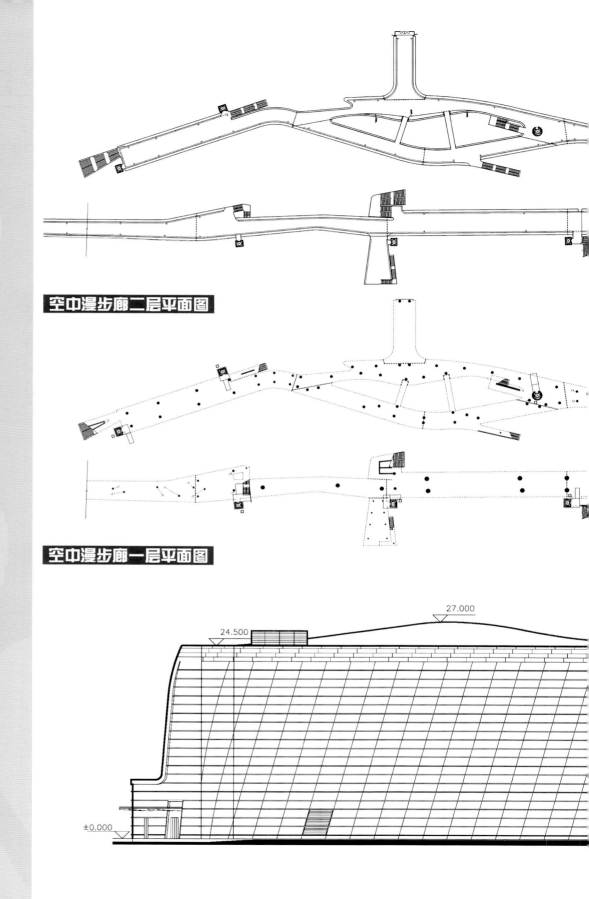

空中漫步廊二层平面图

空中漫步廊一层平面图

27.000

24.500

±0.000

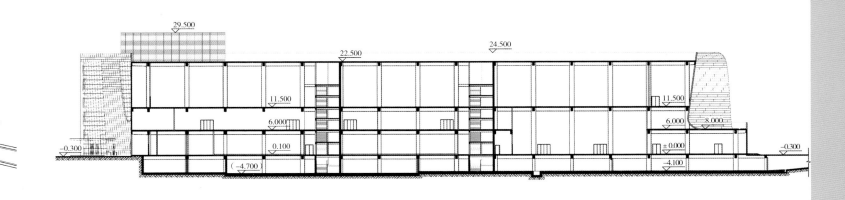

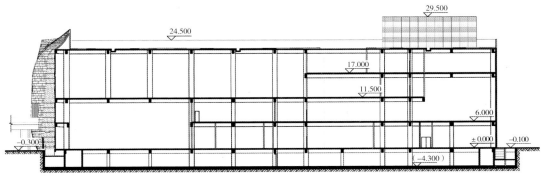

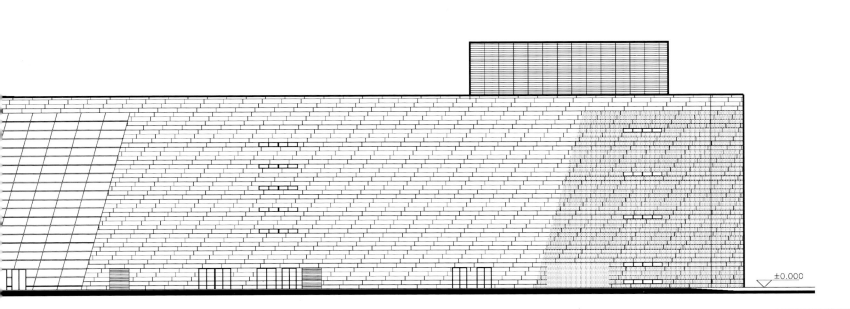

佛山市岭南明珠体育馆

GUANGZHOU VELODROME OF 16TH ASIAN GAMES 2010

2010年广州亚运会拳击比赛场地

设计人：

何锦超　潘伟江　罗若铭　李志宏

周敏辉　李小弛　何海平　许穗民

梁文遶　廖坚卫　李伟锋　钟世权

陈应荣　侯荣志　陈文祥

建设地点：佛山市禅城区季华路

用地面积：260873m^2

总建筑面积：75282m^2

体育场规模：8380座

建筑设计及实景

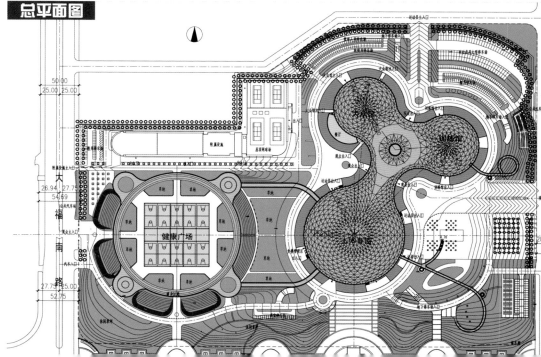

总平面图

健康广场

2010年广州亚运会
拳击比赛场地

佛山体育馆是佛山市迎接 2006 年广东省第 12 届运动会的核心建设项目之一，并于 2010 广州亚运会期间成功承办了拳击比赛。本馆由 8380 座主体育馆，练习馆、大众馆及健身娱乐、商店、餐饮等相关附属设施组成。

三馆通过三个钢结构穹顶连为一体，结合部设置共享入口大厅，使建筑形态保持统一感。在用地西侧设置市民健身广场，健身广场通过连廊与三馆相连，保持了良好的空间联系。

主赛场为 70m×50m，当打开收藏在四边的移动坐席时，场地的有效尺寸为 48m×33m。可进行篮球、手球、排球、网球等比赛，及举办各种博览会、文艺演出、时装表演等。

三个多重圆水平环屋顶构成一体的建筑造型通透独特，富有张力。夜晚由体育馆内透的灯光使建筑变得更为绚烂多彩，成为佛山城市的一颗璀璨的"岭南明珠"。

大众馆外景

入口雨篷

环形水池
健身回廊

2010年广州亚运会
拳击比赛场地

空间构成与品质

　　在外部形态上，佛山体育馆主、副各馆与健身广场均为圆形，并呈虚实互补关系，环绕建筑一周的连廊和水池更增强了整体感。屋面采用连续的穹顶钢结构，其特色在于引进了斗栱的概念，强调了水平环桁架的作用，并以短柱桁架和斜杆支撑水平环而取得平衡。斗栱式穹顶网壳结构技术是首次在大跨度空间结构上应用。这充分体现了一种继承与创新、建筑与结构完美结合的设计思路。

现场指挥部

休息厅中

鸟瞰夜景

地下车库入口

入口大厅

主赛场

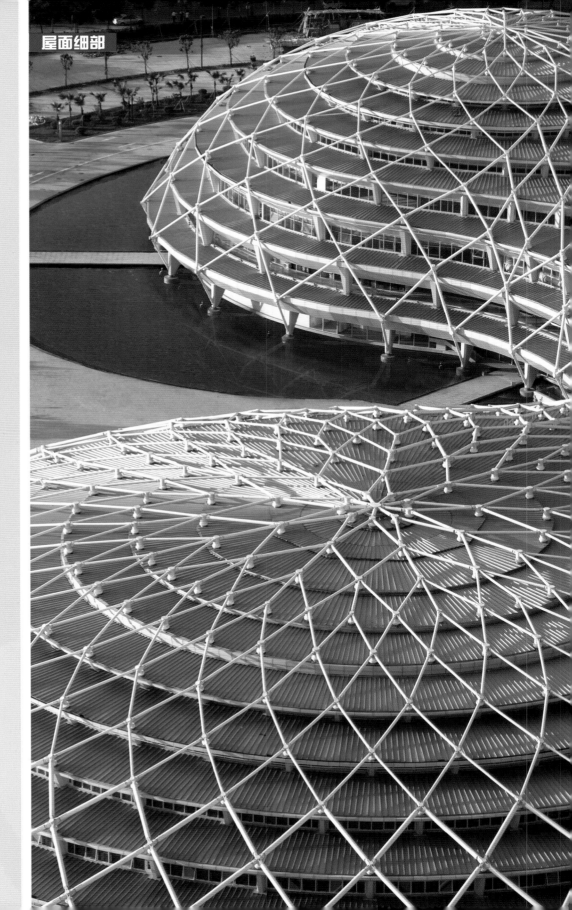

屋面细部

2010年广州亚运会拳击比赛场地

适宜技术与健康型体育馆

屋面的剖面呈倒置三角形，构造上采用轻质、高强度的立边式铝镁锰合金屋面，其设置坡度以利将雨水排向周边水池中。独特的叠层水平环大跨度钢结构屋顶设计，使自然采光通风可导入室内，节省空调、照明的能耗。

叠层倒置三角形水平环屋面下吊吸声铝板，可有效屏蔽外界噪声，减小回声及消除弧形屋面的声聚焦，可自然地获得优质声场效果。

空调系统分为智能多联空调系统和集中式水冷冷水空调系统两大部分。主场馆采用座位底部的送风方式以降低空调负荷。

屋面雨水排水采用压力流（虹吸）排水系统。馆周围设有景观水池，配置了专用的水处理循环系统外，利用雨水作为景观水池的补充水，节约用水量。

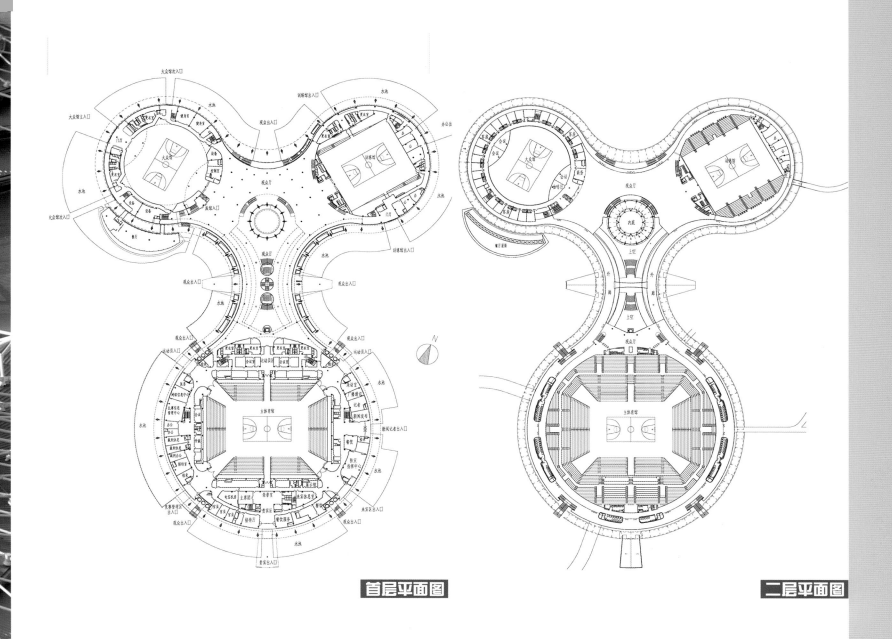

首层平面图

二层平面图

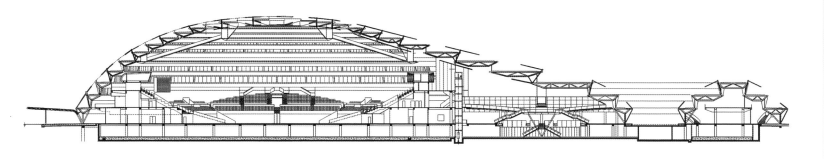

佛山岭南明珠体育馆

发表于《建筑学报》2007 年第 5 期

作者：潘伟江

项目背景

2002 年国务院批复同意佛山市行政区域的调整，设立禅城、南海、顺德、三水及高明等五区，行政区域的扩大使佛山成为了广东省继广州、深圳之后的第三大城市，且适逢佛山市成为 2006 年广东省第 12 届运动会的主办城市，故将投资近十四亿元兴建新的体育场、体育馆和游泳馆等体育设施，以满足新城市的发展和省运会的要求，并于 2003 年 9 月举办以上项目的国际设计招标。其中，新体育馆工程确立由日本仙田满＋（株）环境设计研究所提交的"岭南明珠"方案为实施方案，国内合作设计单位为广东省建筑设计研究院。项目于 2004 年 4 月破土动工，2006 年 7 月底竣工，并顺利承办了同年 11 月举办的省运会篮球、体操等多个重要比赛项目和闭幕式。

总体布局

项目基地位于佛山市禅城区季华六路的北侧，文华路西侧，大福路的东侧，南侧为季华公园及佛山市重要的城市地标——广播电视发射塔，规划用地面积 260873m²。季华六路设机动车下穿隧道，路面为人行绿化广场，令基地与季华公园之间有机连接、相互渗透，成为城市中心景观轴线上重要的空间节点。

作为佛山市迎接 2006 年广东省第 12 届运动会的核心建设项目之一，岭南明珠体育馆由 8464 座（固定座：5508 个、可移动座：2956 个）主体育馆、2800座的训练馆、大众馆及市民健身广场等运动健身娱设施组成，总建筑面积约 78000m²。主体育馆布置在电视塔南北轴线延长线北侧，用地正中部位，东北侧布置训练馆、大众馆。训练馆与大众馆形成的副轴与主体育馆的南北主轴线成倾斜角度布置。三馆通过三个钢结构穹顶连为一体，结合部设置共享入口大厅，使建筑形态保持统一感。西侧靠大福南路设置市民健身广场，健身广场通过连廊与三个馆相连，保持了良好的空间联系，为市民提供多层次的运动休闲空间。独特丰富的总体布局与主体场馆整体形态的起伏变化相得益彰，互为依托。

实用与多功能的平面布置模式

作为现代城市多功能的体育设施，必须满足运动健身、文化休闲及产业开发利用等多种需求。使体育设施除满足比赛服务外，仍具生机活力，实现自身的可持续发展。而本馆已在省运会后实现了社会化经营的模式。

主体育馆赛场场地最大尺寸为 70m×50m，可移动坐席占总座位数的 35%，当坐席全部打开时，场地的有效尺寸为 48m×33m。当赛场面积要求较大时，如体操竞技项目、乒乓球、羽毛球等比赛，可全部折叠储存于看台下；当全部可移动座位打开时，亦可进行篮球、手球、排球、网球等比赛，从而具有较强的应变能力。首层设置大型设施运输出入口，大型显示屏以及综合控制室等，为将来可能举办各种博览会、文艺演出、时装表演奠定基础。

大众馆、训练馆的内场尺寸为 45m×35m，除满足比赛期间的训练要求外，也可为社会提供不同档次的运动场所。考虑到设施功能的完备和经营效益，大众馆除首层赛场周边设有健身运动设施外，还在二、三层利用建筑高度上的富裕空间布置了一个小型宾馆。而三个馆连接的入口大厅共享空间也充分考虑多功能与商业空间的规划，设置了体育用品专卖、咖啡座、餐厅等商业设施。在用地西侧设置一个带屋顶游廊体育健康回廊的市民健身广场。内侧作为篮球场、市民聚会场所、大型室外音乐场所及紧急用停车场等多种用途。健康回廊设置了休息用长椅和各种游乐设施，适合不同年龄层次的市民健身锻炼的需求。

设计充分体现了方案设计者仙田满先生一贯的关于"环筑"的设计理念："对生活在环境里的人和生物以及周边的生活给予关注的基础上，重新建构或者改善环境，设计编排出更为活泼新鲜的生活故事。"（注：仙田满语）

空间构成与品质

在外部形态上，佛山体育馆主副各馆与健身广场均为圆形，并呈虚实互补关系，连廊和水池环绕它们一周更增强了整体感。屋面采用连续的穹顶钢结构，犹如古建筑斗栱的层叠出挑的效果，既牢固又呈现出优美的韵律感。这充分体现了一种继承传统设计精髓、建筑与结构完美结合的设计思路，而且圆形平面、穹窿形空间易于加强赛场的向心性和内聚力。由于圆弧面对外呈发散性，介于内外之间的外廊平台，能将人的视线吸引到外部开敞空间，使人们心情舒畅，为市民创造出多层次的运动休闲空间。

室内装修整体上以反映结构本身所创造的独特空间为主。入口大厅、过厅以及人流集中的区域使用耐久性强的花岗石地面铺装，墙面为铝合金板；吊顶采用铝合金或石膏材料，其他区域根据功能特性选用不同的装修材料。墙面用色活泼，以红、绿、蓝为作大众馆、训练馆、主体育馆的墙面主色，增强了空间可识别性的同时，又活跃了室内的气氛，表现出休闲性与活力。由入口到大厅，运用吊顶高低的手法创造出先抑后扬的空间效果。

三个多重圆水平环屋顶构成一体的建筑造型通透独特，富有张力。夜晚由体育馆内透的灯光使建筑变得更为绚烂多彩，成为佛山城市的一颗璀璨的"岭南明珠"。

独特的大跨度空间结构设计

岭南明珠体育馆独特的造型及室内空间效果得益于独特的大跨度空间结构设计，得益于建筑师与结构设计师从方案投标阶段就开此的紧密合作。本工程独特的"斗栱形"穹顶钢结构概念由日本著名的钢结构设计大师渡边邦夫提出。渡边先生受中国古建筑斗栱结构创造出大跨度出挑的启发，将整个屋面采用连续的穹顶网壳结构，与以往的穹顶结构不同的是：引进了斗栱的概念，强调了水平环的作用。在力学合理性方面，改变以往穹顶结构是拱的旋转体这种考虑方法，改变为水平环的集结体。穹顶的上半部为压缩环，下部为张力环，水平环采用H型钢组成的空间三角形钢桁架，具有足够刚度，即使是很小垂直支撑杆件，也能在整体上创造出一个牢固的穹顶。为了获得平衡，配置了支持水平环的立柱和外侧的斜杆。整个结构由一个主馆和两个副馆组成，主馆直径为128.8m，高度为35.48m；副馆直径为78.8m，高度为26.45m。

适宜技术与健康型体育馆

屋面的剖面呈倒置三角形，工作原理与传统建筑坡屋顶相似。构造上采用轻质、高强的立边式铝合金屋面，其设置坡度以利将雨水排向周边水池中，可以减少屋面渗漏，并具有一定的景观生态功效。独特的叠层水平环大跨度钢结构屋顶设计，使自然采光通风可导入室内，节省空调、通风用照明的耗能。叠层倒置三角形水平环屋面下吊穿孔率为25%的穿孔铝板作为屋面吸声材料，有效地屏蔽外界噪声，减小回声及消除弧形屋面的声聚焦，自然地获得优质声场效果。在主体育馆比赛大厅空间体积达132000m³的情况下，经权威部门检测，满场500~1000Hz的混响时间为1.8s，达到预期的设计效果。

在机电系统设计方面，通过总体优化设计，并采用目前国际上成熟、可靠、稳定性强的主流先进技术，实现了节能、集中监控、高效科学管理，从而提升建筑的使用功能和综合效益等目标。在系统配置合理，功能定位准确，满足体育馆举办赛事、演出（活动）和日常训练、运营等要求，并方便日后系统的扩展。

空调主机采用大小结合的方式，以满足不同负荷的需要；办公区使用独立的智能多联空调系统，以满足不同使用时间的需要；主赛场空调器采用二次回风方式，空调器风机采用变频技术；气流组织采用了座位下送风加赛场高位喷口送风的方式；比赛馆采用自然排风、排烟方式。

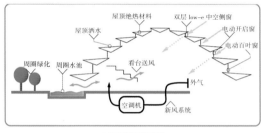

大空间的环境设计

屋面雨水排水采用压力流（虹吸）排水系统，有效地减少了雨水排水横管的坡度、排水总管根数、排水管的管径。

采用"能源管理系统"，对体育馆的2个变电所10kV配电系统进行自动监测和控制，对低压配电系统（400多个回路）的运行状态和电量参数进行自动监测、故障预警和精确计量，对变压器、发电机、集中应急电源装置（EPS）和UPS系统的运行状态进行自动监测，实现变配电系统的自动化运行，有效地提高了变配电系统运行的可靠性。

场地扩声系统采用分散式扬声器布置方式。通过不同扬声器（组）对观众席和比赛场地进行覆盖，然后对每组扬声器进行准确的指向控制，使观众席上和比赛场地保证有足够的声压级和良好的语言清晰度。场地扩声扬声器分散布置，投射角度与地面成一角度，避免地面反射声波直射屋顶引起严重的颤动回声。现场效果极佳。

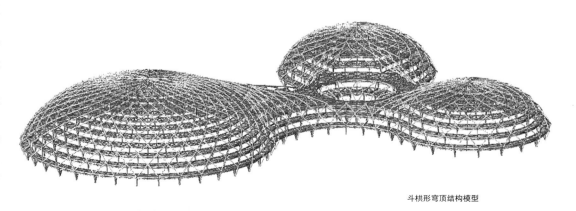

斗栱形穹顶结构模型

佛山岭南明珠体育馆穹顶钢结构设计

发表于《建筑结构》2007 年第 9 期

作者：周敏辉　李志宏　陈文祥　李伟锋

工程概况

佛山岭南明珠体育馆位于佛山市禅城区季华六路的北侧，文华路西侧，大福路的东侧，位于规划中的城市景观轴附近，地段南侧为佛山市广播电视发射塔，是一座集比赛、训练、集会、演出功能于一体，兼顾市民日常休闲、健身的，设施先进、具有 8000 坐席的现代化综合体育馆，是佛山市迎接 2006 年广东省第 12 届运动会的核心建设项目之一。建筑基底面积为 34000m²，总建筑面积为78000m²，地下一层，地上 3 层，局部 4 层。在举办完第12 届省运动会之后，将成为佛山市重大体育活动的中心场地，也必然会陆续承办各类国内外重大体育赛事。整个建筑物由一个主馆和两个副馆组成，主馆直径为 128.8m，高度为 35.48m；副馆直径为 78.8m，高度为 26.45m。

钢屋盖结构特点

整个屋面采用连续的穹顶网壳结构，与以往的穹顶结构不同的是：引进了斗栱的概念，强调了水平环的作用。在力学合理性方面，改变以往穹顶结构是拱的旋转体这种考虑方法，改变为水平环的集成体。穹顶的上半部为压缩环，下部为张力环，水平环采用 H 型钢组成的空间三角形钢桁架，具有足够刚度，水平环桁架通过层间立柱和外斜杆，逐层叠加形成一个牢固的穹顶。层间立柱由 H 形钢和圆钢管组成，外斜杆采用圆钢管（下图），钢材均采用 Q345B。

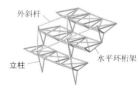

结构单元构成图

大馆由 15 层水平环构成，两小馆分别由 10 层水平环构成，三个场馆三层以上通过多层水平环层层叠加，收聚成三个上部相互独立的空间穹顶，下部三层通过中间连廊连为一体，钢屋盖的投影面积为 34330m²，用钢量为 6838 吨，约 197kg/m²。结构构成复杂，有22000 根杆件，6000 多个节点，而且多根杆件从空间不同角度交汇，节点形式多样，对制作、加工、定位、安装提出了很高的要求。

该结构的另一特点就是：施工过程利用结构特点将稳定的水平环层层叠加，并结合顶部整体提升组成穹顶，避免满堂红脚手架，从而节省施工费用。

结构计算分析

建筑结构设计使用年限 100 年，建筑结构安全等级一级，结构重要性系数 1.1。

结构设计条件及参数取值

1. 结构自重：材料的实际重量即钢结构杆件自重由程序自动计算；

2. 恒载：屋面材料（屋面板及檩条）的重量按0.5kN/m²；屋盖永久悬挂荷载分别按主馆 1 号马道 40t，2号马道 60t，副馆按 30t 总重量沿马道圆周均匀分布考虑；

3. 活载：按 0.50kN/m²，并考虑活载的不利布置；

4. 风荷载作用：基本风压按 0.60kN/m²，地面粗糙度为 B 类，由于钢结构造型新颖，而且三馆连接于一体，风荷载特性与周边环境关系密切，故需要通过风洞试验确定屋盖结构的实际风压分布情况。根据风洞试验结果：A. 各部分屋面上表面的风压分布具有大型球形屋面的特点，正、负风压不是很大。迎风区域分布有一定面积的正压，中心相对较大且顺风势减小；气流越过坡面顶部时，有稍大负压产生；其余大部分区域分布为较小的均匀负压；B. 各部分墙体外表面的风压分布具有弧形外形的特点，迎风面大面积正压；迎风中心较大两边小；侧、背面分布为较小的均匀负压；靠近来流的拐角部分有相对较大的负压产生。

风振系数：本建筑物外形独特，柔性较大，在风荷载作用下易产生较大的变形和振动，属风敏感结构。风振系数的计算原理采用振型分解法，振型分解法属离散频域分解法，是先利用傅立叶变换将风荷载表示成有限简谐分量之和，然后对各简谐分量进行体系的响应计算，最后叠加各简谐响应而得到结构体系的总响应。本方法考虑了多模态的作用影响，用于大跨度网壳结构风振动力响应分析。

5. 地震反应：根据《建筑抗震设计规范》（GB50011—2001）及广东省工程防震研究院提供的《佛山市体育中心场地地震安全性评价报告》。工程抗震设计基本条件：场区的地震烈度为 7 度，多遇地震，建筑场地类别为 II 类，设计地震分组为第一组。建筑物的重要性类别为乙类，抗震设防构造措施按 8 度考虑。水平地震影响系数最大值为 0.101，计算振型数采用 64 个振形，建筑结构阻尼比取为 0.02。

6. 温度作用：由于屋盖结构受温度影响较大，根据佛山地区的气象资料，对结构暴露杆件，如外斜杆按 ±45.0 度考虑，其他则按 ±30.0 度考虑。

结构计算模型和分析程序

采用北京迈达斯技术有限公司开发的 Midas/Gen

进结构分析，并采用美国通用有限元程序 Ansys 进行比照分析。

计算模型及假定：计算时外斜杆采用桁架单元，其余杆件均采用梁单元，即每个节点均有 U、V、W、X、Y、Z 六个位移分量，能够准确的反映三维框架单元的轴向、弯曲、扭转及剪切变形。支座采用球铰支座。

周期计算结果（s）						表 1
参数	T1	T2	T3（扭转）	T4	T5	T6（扭转）
Midas	1.0323	0.8596	0.8361	0.6993	0.6385	0.6239
Ansys	1.0264	0.8545	0.8045	0.6860	0.6499	0.6096

采用 Midas 和 Ansys 对结构进行计算的结果如表 1 所示。由表 1 可知，2 个软件计算所得的自振周期比较接近，反映了结构建模与分析的正确性。

各工况作用下最大位移（mm）		X 向位移（mm）	Y 向位移（mm）	Z 向位移（mm）	表 2
荷载类型		X 向位移（mm）	Y 向位移（mm）	Z 向位移（mm）	
自重		13.80	15.81	−58.17	
恒载		11.76	13.78	−50.33	
活载		5.27	6.65	−21.37	
风荷载	0°	6.19	6.86	43.07	
	45°	8.43	9.11	39.68	
	90°	7.60	11.51	51.44	
	135°	5.28	6.30	30.15	
	180°	4.52	2.31	13.26	
X 向地震作用		12.79	3.35	12.97	
Y 向地震作用		8.13	14.58	9.60	
温度荷载		43.57	37.99	56.58	

结构位移的计算结果见表 2。由表 2 可以知道，结构的恒载（包括钢构架自重及屋面积）、风荷载及温度作用对结构变形影响比较大，根据计算结果，Z 向最大变形（组合值）为 131mm，d 为 1/983，满足《网壳结构技术规程》规定的限值 1/400。

几何非线性分析

稳定性分析是网壳结构设计中的关键问题。几何非线性稳定分析是综合评价结构稳定承载力的有效办法。结构的稳定性可以从其荷载－位移全过程曲线中得到完整的概念。传统的线性分析方法是把结构的强度和稳定问题分开来考虑的。事实上，从非线性分析的角度来考察，结构的稳定性问题和强度问题是相互联系在一起的。结构的荷载－位移全过程曲线可以准确地把结构的强度、稳定性以至于刚度的整个变化历程表示得清清楚楚。为了对空间受力性能进行判断，计算网壳结构的临界荷载，我们对屋盖整体结构的几何非线性作了分析，对整个结构的荷载－位移曲线进行跟踪，其中并未涉及材料塑性的计算。对结构在工况（恒载＋活载）组合荷载作用下，按规范施

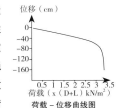
荷载－位移曲线图

加初始缺陷进行了几何非线性稳定性分析，根据《网壳结构技术规程》规定，可采用结构的最低阶屈曲模态作为初始缺陷分布模态，其计算值按网壳跨度的 1/300 取值。

根据计算结果可以得知，位于大球顶偏右侧（偏向结合部位）位移最大，提取其 Z 向荷载－位移曲线图可以看出，在 3.18 倍荷载（D+L）时，结构的变形突然增大，此时达到失稳状态。下图（a），（b），（c），（d）分别给出了结构发生失稳时结构空间 X、Y、Z 三个方向的位移图。

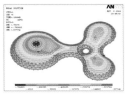
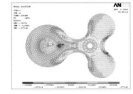
（a）结构失稳时的空间立体图（m）　（b）结构失稳时 X 水平向位移（m）

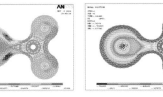
（c）结构失稳时 Y 水平方向位移（m）　（d）结构失稳时 Z 方向位移（m）
结构失稳时结构空间 X、Y、Z 三个方向位移图

结构分析表明，失稳现象发生时，主要受力杆件的应力已先期达到或超过屈服状态，说明结构强度极限状态的到达将先于稳定极限状态。在结构体系形成后，在给定的荷载工况下，本屋盖结构的安全性由构件的强度设计和稳定设计控制。该结构具有较强抵抗变形的能力，整体刚度较强。

主要构件及节点设计

构件设计主要控制参数

采用 Midas/Gen 自带的普钢规范校验功能进行各构件的详细设计。包括强度、变形和稳定检验等，构造要求的横截面特性、长细比、板件宽厚比限值等，通过这些检验确定构件在所施加的荷载作用下，是否满足强度、变形和稳定性等要求。根据《钢结构设计规范》和《建筑抗震设计规范》有关规定，立柱的长细比取值不大于，外斜杆的长细比限值取为 150，水平环桁架构件按受压杆件考虑，其长细比限值取为 150，受拉杆件的长细比限值取为 250。杆件的计算长度系数按《钢结构设计规范》规定的计算长度系数的方法确定，对水平环桁架的弦杆等构件，则根据具体连接杆件的相对刚度关系确定。根据计算分析结果，构件设计的控制工况为：

1.35 恒载 +0.7x1.4 活载、1.2 恒载 +0.7x1.4 活载 ±1.4 温度荷载、1.2 恒载 +1.4 风载 ±0.7x1.4 温度荷载等。

主要节点设计

岭南明珠体育馆穹顶结构杆件构成复杂，节点设计至关重要，节点设计应满足整体分析与设计时刚度及受力要求，应遵循"构件强、节点更强"的原则，充分发挥节点材料的强度，确保节点不先于构件破坏，要求构造简单，制作相对容易，保证其在各种荷载作用下的安全性、可靠性。

对典型节点进行局部有限元分析。全部的节点均运用 Ansys 进行分析计算。为了保证计算结果的精度，单元网格的划分应尽量细分。分析过程中，除支座铸钢节点外，材料均采用 Q345B，考虑到局部可能出现的应力集中，采用弹塑性模型。材料弹性模量 E1 为 2.06x105N/mm²，根据钢结构规范关于钢材的屈强比及延伸率的要求，这里取强化模量为弹性模量的 1/100，即 2.06x103N/mm²，泊松比为 0.3，屈服强度 f_y 按规范要求选取。节点设计采用 Mises 强度准则，Mises 应力取

$$\sigma_s = \sqrt{\frac{1}{2}[(\sigma_1-\sigma_2)^2+(\sigma_2-\sigma_3)^2+(\sigma_1-\sigma_3)^2]} \leq 1.1f$$

式中：σ_1，σ_2 和 σ_3 分别为第 1，第 2 和第 3 主应力；f 为钢材的抗拉、抗压、抗弯强度设计值。节点杆件内力选取整体计算所得到的内力进行加载，具体选取不同组合如：恒载 + 活载、恒载 + 活载 ± 温度荷载等。

支座铸钢节点：

所有支座节点采用铸钢节点，即保证节点的几何精度、材料性能又必须满足现场安装要求。铸钢件采用的铸钢材应符合国家标准《一般工程用铸造碳钢件》（GB/T11352）要求，必须满足可焊性要求。

结论

1. 该结构方案新颖，引进"斗栱"的概念，强化了水平环桁架的作用，是一种全新的结构形式；

2. 该结构由三个连续的穹顶组成，三馆连接部位是比较明显的薄弱部位，该区域是整个结构整体稳定控制的关键部位；

3. 节点构成复杂，整个结构有 6000 多个节点，而且种类多样，大量杆件交汇于一点，节点设计应满足整体计算的假定要求；

佛山岭南明珠体育馆是广东省重点工程，建设规模大，科技含量高，其"斗栱式"网壳结构形式是首次在我国应用，其设计经验为其他工程提供了有益的参考及借鉴。

注：本文较原文有删节。

2010年广州亚运会
通信保障中心

设计人：

孙礼军　黄志东　潘伟江　李志宏

周敏辉　陈东哲　廖雪飞　梁文逵

陈　凡　周培欢　于声浩　陈应荣

周晓炜　邱建军　丘健聪

建设地点：广州市天河区珠江新城
用地面积：16640m^2
总建筑面积：121000m^2
建筑层数：37层
建筑高度：165.2m

建筑设计及实景

整体鸟瞰

2010年广州亚运会
通信保障中心

广州成功获得 2010 年亚运会主办权。大型运动会客观上要求有配套的信息平台和通信技术相匹配。中移动广东公司通过亚运会的契机筹建广东全球通大厦（新址），项目拟建地点位于广州市珠江新城 CBD 核心区，由综合管理办公区（包括通信设备区）、会议展览中心、员工活动区、后勤服务及物业管理区等组成。

设计借助 CBD 核心区的环境优势，整合内部空间资源。在保证健康、舒适的室内、外环境、节约能源和资源，减少对自然环境影响的条件下，从总体规划布局、自然和生态环境影响、可再生资源利用、建筑围护结构、空调和采暖系统、照明系统等节能与建筑智能化管理技术等多个方面的设计研究和应用，为企业提供高效、健康的办公场所，并协调基地周边乃至整个区域的发展。

项目于 2010 年 9 月广州亚运前竣工及投入使用，新址成为了中国移动通信广东省的运营心脏，并顺利完成了作为 2010 年广州亚运会的通信保障指挥中心的任务。

外观实景

内庭院构架

内庭玻璃水池

内庭院局部

外观实景

地下泳池

北裙楼中庭

国际会议厅

西大堂实景

会议区走廊

电梯厅

东大堂一角

东大堂实景

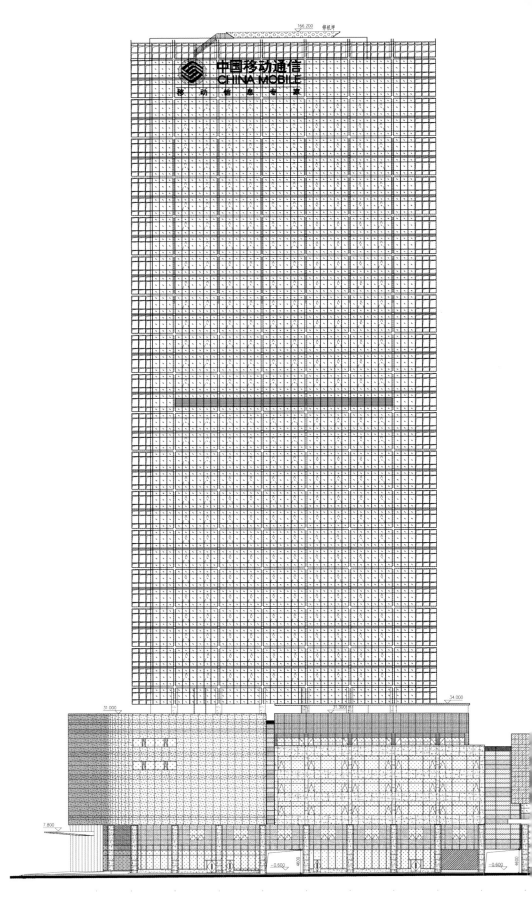

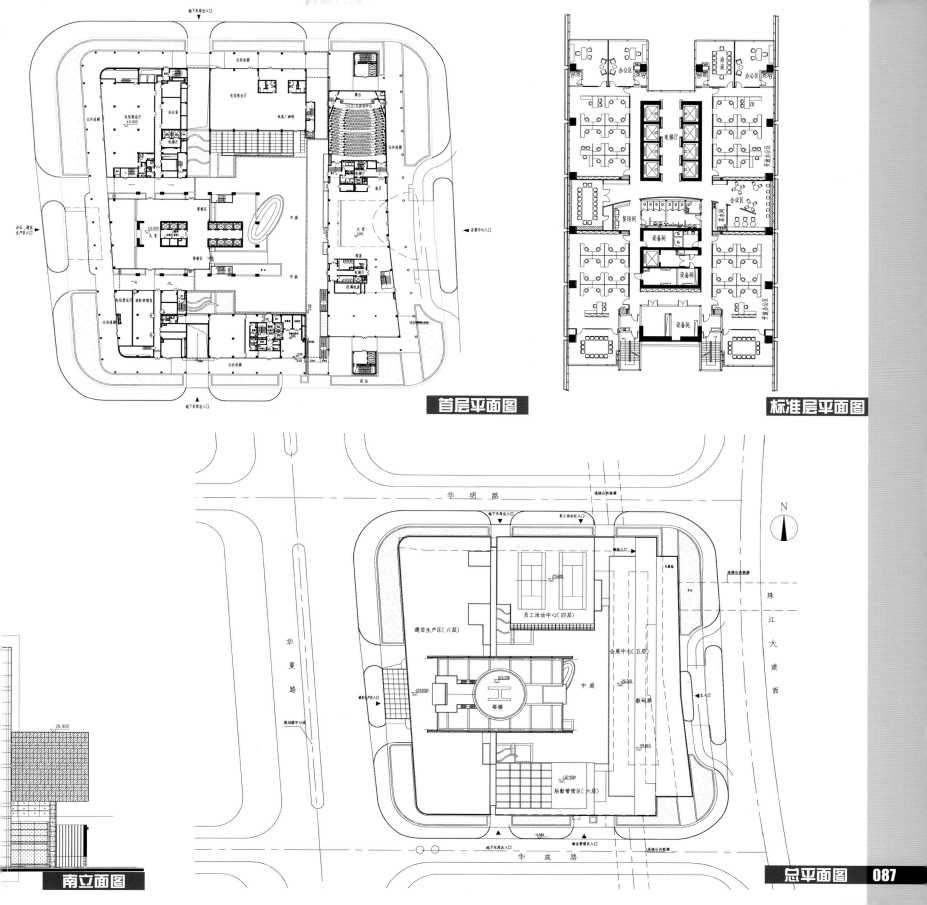

首层平面图

标准层平面图

南立面图

总平面图 087

广州亚运会移动通讯指挥中心

——广东全球通大厦新址设计

发表于《建筑创作》2010 年第 11 期

作者：潘伟江

随着广州亚运的临近，广州珠江新城 CBD 核心区的建设日益完善。通过近五年的建设，作为 CBD 核心区重要一员、广州亚运会移动通讯指挥中心的广东全球通大厦新址亦顺利于广州亚运前竣工及投入使用，将为广州亚运会提供移动通讯保障服务。

设计借助 CBD 核心区的环境条件、交通系统及配套功能，整合内部空间资源，通过可持续发展有机组合，创造中移动集团广东公司的企业形象，为企业提供高效、舒适、健康的办公场所，并协调基地周边乃至整个区域的发展。

项目概况

2004 年 7 月，广州成功获得 2010 年亚运会主办权。大型运动会客观上要求有配套的信息平台和通信技术相匹配。本项目通过筹办亚运会的契机，为广东移动通信也提供了一个良好的发展平台，企业的基础设施可以得到全面改善，同时企业的管理和运营水平也将会有长足进步。

项目拟建地点位于广州市新 CBD 核心区中轴线中心地带—天河区珠江新城 F 区 F1-3 地块，工程总用地面积 16640m^2，总建筑面积约 12 万 m^2。地块四周环路，东面正对广州市新中轴线腰鼓形花城广场，地块具有优越的环境条件。

本项目建设内容由基建工程、网络工程与配套设施三部分组成，其中基建工程建设内容主要由综合管理办公区（包括通信设备区）、会议展览中心、员工活动区、后勤服务及物业管理区、地下车库（兼作人防工程）及机电设备区等组成。

平台、裙房屋顶、中庭内部及沿街空间等进行多层次的绿化设计；而建筑幕墙玻璃选用低反射 Low-e 玻璃；高层部分布置在基地中央避免对周边建筑产生不利的日照遮挡。设计有效改善了建筑内外部环境。

总体规划

设计总体布局在充分尊重项目地块环境资源、CBD 核心区的轴线与空间关系的基础上，精心考虑各功能模块的布局。将以对外联系交往功能为主的会议展览区设计为 43.75m 高的数码凯旋门，布置在东面靠广州新城市客厅的花城广场一侧，利用花城广场营造迎宾氛围，同时也为新城市客厅创造独特的建筑背景。而内部办公使用为主的综合管理办公区则通过 43.75m 高大气的办公入口广场空间，办公入口临近地铁出入口设置为

员工上下班交通提供最大的便利条件。板式塔楼则落在 CBD 核心区东西向的中心轴线上，成为东西轴线在西端的节点。员工活动区、后勤服务及物业管理区则在会议展览区与综合管理办公区之间，分别沿南北规划路布置，与其兼具内外联系的功能特点相应，并起联系东西裙楼之效。

四大功能模块呈四合院式围合布局，内部围合出一个安静的活动内院空间，在空间上有序组织分隔内外、动静人流。四大功能模块沿东、西、南、北规划路布置，可沿路设备在功能模块的主次出入口，地下车库出入口及进入内院的消防车道等，以满足人员疏散及消防扑救的要求。

在满足有序解决内部使用流线之外，设计也极大地呼应 CBD 核心区域的人行系统规划。在多雨的广州气候条件下，首层周边连续的骑楼式连廊及西侧会议展览区三层的公共人行步道与 CBD 核心区其他建筑人行系统协同效应，极大增强了区域的效率与活力，为区域可持续发展作出贡献。

平面布局

设计充分利用基地条件，四大功能分区结合中庭院分成开放、半开放、私密三个区域，便于管理，既独立又联系方便，而且还具很大的灵活性，为将来发展预留了空间，而在三维空间上则讲求不同区域的有机联系。

办公管理区塔楼的平面设计是基于功能、景观、发展变化和经济性的考虑，采用以中心核心筒，围绕核心筒设双走廊，南北两侧设进深为 11.2m 的板式空间的平面形式，保证办公空间可获得均等的自然采光通风条件及互不干扰的办公空间。两组消防楼梯布置统一在西面，而电梯厅设在东面正对 CBD 核心区的花城广场布置，在这个人流聚散的空间充满阳光与景致，创造出宜人生动的室内景观。塔楼采用预应力梁以增加室内净空，设备用房管井与公共卫生间等公共部分统一在中心核心筒，令建筑对各种设备及管线的布置具有极强的应变能力，以便适应难以预料的新技术发展对建筑提出的要求，使建筑具有长久的生命力。

通信设备区按照使用需求，维护结构以实墙为主，设计把外墙封闭的设备区设置于西面，使直射阳光的影响及降到能源损耗。同时又与办公塔楼紧密联系，方便内部管理与控制。员工活动区将国际标准室内游泳池设置在地下三层，可有效减少结构负荷并利于泳池水保持常温状态。从泳池上部中庭玻璃天窗照射下来的阳光影

射在大跨度弧形结构构架序列中，极具建筑美感。

平面设计充分考虑了建筑物如何融入城市的公共空间，利用 CBD 核心区的总体空间形态，特别是东西轴线上的珠江公园、花城广场的景观资源，结合内部独特的内庭空间，设计尽量将入口大堂、走廊、电梯厅等公共枢纽空间组织成此轴线空间的延伸部分。在景观处理上强调"借景"的手法，人们可以在这些公共枢纽空间内极目眺望珠江公园和花城广场的优美景致，也可以欣赏到组团内部庭院的园林布局和水瀑。通过建筑内部和外部空间的相互渗透，建筑物更有机地融合到城市的整体布局中，使内部互相联系公共枢纽空间极具流动感且丰富了空间层次。

建筑造型

建筑造型设计的目标以 CBD 核心区空间关系为首要考虑因素，并通过对"沟通从心开始"的企业精神和优质的通信企业形象诠释，弘扬现代化的通信文化，将设计概念升华至理性的层次，使其寓意深远。

在整体造型上采用东低西高的布局，以增强对核心区广场的向心感和整体空间的呼应。建筑造型的处理上强调对比的效果和雕塑感，并在垂直和水平方向上着墨，通过简洁体型、现代材料、和谐颜色的对比中取得强烈的视觉效果和艺术感染力。高层塔楼以具有强化序列感的遮阳板、镂空飞翼造型与简洁玻璃体相互映衬，塑造了简洁挺拔与极具光影效果的主体形象。裙楼通信生产房作为企业心脏部门，其重要性通过外墙面深蓝色的石材传达了"安全、稳固"的意味，增添了客户对企业的信赖感，并与企业标志色契合。结合裙楼其他部分大面积石材体量与线条分明的玻璃幕墙强调虚实对比，塑造雄浑大气的整体形象。而"数码凯旋门"的动感展示更直接地传达了隐含的寓意，其造型上的震撼力和标志性代表着企业"力求创新，勇于挑战"的发展目标和抱负。

而在设计中采用开放式的架空层、中央庭院、骑楼连廊、室外楼梯和东西裙楼别具一格的雨棚等设计元素与立体的园林绿化一起为整体建筑空间带来生机与灵动，在立体空间上向市民表达"真诚的沟通、便捷的服务"的企业服务理念。

建筑节能

本项目在设计过程中，就充分考虑节能措施，使大楼运作成本和能源耗费达到最小，将办公楼的性能水平和生产力发挥到最高，控制办公楼的运营成本令建筑物可持续发展，以达至示范性"绿色办公建筑"设计理念。

在总平面布置中，塔楼和建筑主体沿南北向布置，将通信机房区放在西面，采用全封闭实墙体，有效隔绝了夏季的太阳辐射热量，大大减少了太阳西晒对建筑物的影响；在塔楼部分，将楼梯间和机房布置在西面也起到同样的效果。

项目塔楼设计采用较高的办公楼设计标准，在整幢建筑中，办公人员和窗户的距离不超过约 9m，更多依靠被动系统设计，较少依赖机械方式控制气候，在适当的季节内可采用自然通风，从而减少制冷和加热的负荷。

在建筑外围护结构和材料的选用上，建筑充分利用自然光源；在适宜的季节可采用开启外窗直接利用自然通风，大大降低能耗，减少大楼使用周期内的费用。全部玻璃幕墙采用 Low-e 双层玻璃，有效减少了热量的传递。塔楼的遮阳板百叶系统巧妙地利用当地太阳光角度减少太阳直射光，同时创造了一个别具一格的建筑立面形式。建筑屋顶采用有效地隔绝了辐射热的双层架空屋面或屋顶花园。这些措施都有效缓解城市"热岛效应"，改善城市生态环境。

在机电系统设计方面，通过总体优化设计，采用楼宇自控系统、照明自控系统等对建筑进行监控及管理，日后运行后可根据使用情况实时调整系统运行参数，实现了节能、集中监控、高效科学管理，从而提升建筑的使用功能和综合效益等目标。大楼主要办公区域采用变风量系统（采用变静压和总风量控制模式），可根据室内的具体负荷及使用要求调节送风风量，在提高室内空气品质的同时，达到节能的目的。

节能技术措施方面，塔楼的光电太阳能热水器与光导系统为部分办公楼层提供热水与自然光照明；数码廊屋面的太阳能光电发电板可为数码廊展区提供电能；雨水收集系统可为裙楼屋面绿化提供灌溉用水；这些节能技术措施可有效节约水电资源，起节能示范作用。

广东全球通大厦（新址）

——"生态智能型办公建筑"设计研究

发表于《智能建筑》2011 年第 6 期

作者：潘伟江

项目背景

2004 年 7 月，广州成功获得 2010 年亚运会主办权。大型运动会客观上要求有配套的信息平台和通信技术相匹配。中移动广东公司通过亚运会的契机筹建广东全球通大厦（新址），项目拟建地点位于广州市珠江新城 CBD 核心区，工程总用地面积 16640m2，由综合管理办公区（包括通信设备区）、会议展览中心、员工活动区、后勤服务及物业管理区等组成。

设计借助 CBD 核心区的环境优势，整合内部空间资源。在保证健康、舒适的室内、外环境、节约能源和资源，减少对自然环境影响的条件下，从总体规划布局、自然和生态环境影响、可再生资源利用、建筑围护结构、空调和采暖系统、照明系统等节能与建筑智能化管理技术等多个方面的设计研究和应用，为企业提供高效、健康的办公场所，并协调基地周边乃至整个区域的发展。

项目于 2010 年 9 月广州亚运前竣工及投入使用，新址成为了中国移动通信广东省的运营心脏，并顺利完成了作为 2010 年广州亚运会的通信保障指挥中心的任务。

节地与室外环境

（1）规划选址与空间利用

设计总体布局在充分尊重项目地块环境资源、CBD 核心区的轴线与空间关系的基础上，精心考虑各功能模块的布局，在有限的基地条件下从平面及竖向规划布局，解决多样复杂的功能需求。四大功能模块平面成四合院式围合布局，四大功能模块沿东、西、南、北规划路布置。对外沿路设各功能模块的主次出入口；对内围合的走廊快捷联系各功能模块。在有限的空间上有序分隔内外、组织动静人流。竖向空间在规划许可的条件下充分利用地下地上空间。设计设 3 层地下室，有 500 多个车位的地下车库，设备用房集中地下布置，游泳池地下布置并通过结构转换利用上部空间；办公楼层在裙房上集中垂直布置；通过这些设计措施以达到集约节地的目的。

（2）室外环境

本项目设计为减少对周边环境的影响，利用塔楼平台、裙房屋顶、中庭内部及沿街空间等进行多层次的绿化设计；而建筑幕墙玻璃选用低反射 Low-e 玻璃；高层部分布置在基地中央避免对周边建筑产生不利的日照遮挡。设计有效改善了建筑内外部环境。

（3）场地交通组织

在有序组织建筑的交通系统实现人车分行的原则之外，设计也极大呼应 CBD 核心区域的人行公交系统规划。人流较多的办公部分主入口布置在基地西面，紧临地铁及公交站场。在广州多雨的气候条件下，首层周边连续的骑楼式连廊及西侧会议展览区三层的公共人行步道与 CBD 核心区其他建筑人行系统无缝连接。设计极大增强了区域的效率与活力，倡导以步行、公交为主的出行模式，为区域可持续发展作出贡献。

节能与能源利用

（1）总体布局

建筑总平面布局中，塔楼和建筑主体沿南北向布置，有利于冬季日照并避开冬季主导风向，夏季利于自然通风。将采光通风要求较低的通信机房区布置在基地西面裙房，采用全封闭实墙体，有效隔绝了夏季的太阳辐射热量，大大减少了太阳西晒对建筑物的影响。在塔楼部分，将楼梯间和机房布置在西面也起到同样的效果。

项目塔楼设计采用以中心核心筒，围绕核心筒设双走廊的平面形式，南北两侧设进深为 11.2m 的板式空间的平面形式，保证办公空间可获得均等的自然采光通风条件及互不干扰的办公空间。办公人员和窗户的距离不超过 9m，办公空间更多依靠被动系统设计，较少依赖机械方式控制气候，在适当的季节内可采用自然通风，从而减少制冷和加热的负荷。

（2）围护结构

在建筑外围护结构和材料的选用上，设计中外墙采用保温隔热性能较好的混凝土空心砌块；西向外墙采用混凝土墙，外挂石材，两者中间填充绝缘隔热材料；建筑屋顶采用双层屋顶或屋顶花园，有效地隔绝了热量，同时保证了屋顶的防水；办公塔楼采用单元式 Low-e 双层中空玻璃玻璃，具有良好的气密性能、水密性及热阻性能，有效减少了热量的传递；热桥位置设置保温隔热措施；塔楼立面采用了遮阳板系统，遮阳板百叶的设置巧妙地利用太阳光角度可减少大面积的南立面及西立面对太阳热的获得，同时创造了一个别具一格的现代轻型框架的建筑立面形式（见下图，表 1）。通过以上措施，由表 2、表 3 的模拟计算结果可知，设计建筑的全年耗电量小于参照建筑的全年耗电量，使得广东全球通大厦（新址）的围护结构达到了优于现行标准 3.5% 的节能效果。

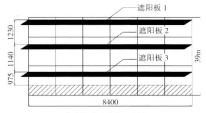

外遮阳单元计算示意图

（遮阳板 1 / 遮阳板 2 / 遮阳板 3 标注，尺寸 975 1140 1230，8400，39m）

计算相关参数及结果　表1

遮阳板宽度 A（mm）	遮阳板间距 B（mm）	拟合系数 a 南朝向	拟合系数 a 北朝向	拟合系数 b 南朝向	拟合系数 b 北朝向	遮阳系数 南朝向	遮阳系数 北朝向
遮阳板 1	435	1230	—	—	—	—	0.797	0.824
遮阳板 2	435	1440	0.41	0.32	-0.72	-0.61	0.804	0.862
遮阳板 3	435	976	—	—	—	—	0.743	0.815
遮阳系统	—	—	—	—	—	—	0.786	0.837

设计建筑外窗热工参数表　表2

朝向	窗墙面积比	外窗平均传热系数	外窗平均遮阳系数
东	0.66	2.70	0.26
南	0.59	2.70	0.21
西	0.50	2.70	0.26
北	0.58	2.70	0.22

东、西、南、北各向外窗满足公共建筑节能设计标准第 4.2.2 条的要求

设计建筑与参考建筑能耗表　表3

	设计建筑	参考建筑
单位面积空调年耗电量（kWh/m²·a）	111.17	115.02

（3）机电系统智能化与低能耗运营

本项目的通风与空调系统运用多种节能技术来降低运行中的能耗，主要包括：冷冻水采用大温差供水，办公室采用回风、室内二氧化碳浓度控制新风量，办公室采用变风量系统，数码廊等特殊区域采用下送风分层空调方式等。

其中塔楼办公楼区域的空调系统采用的单层 "VAV" 变风量空调系统，由各层的楼面变风量空调机提供空调服务。每层设置两台变风量空调器，能根据各个区域的负荷情况对风量进行调节，并确保风机工作在较佳的工作效率上。末端 VAV-BOX 采用压力无关型的风机串联型 VAV-BOX。系统可根据室内的具体负荷及使用要求调节送风风量，并根据回风/室内二氧化碳浓度控制新风量，在确保室内空气品质的同时，尽量减小新风负荷。同时，塔楼的排风系统也根据新风量变频调节，以

保证室内微正压。整体系统在提高室内空气品质的同时，达到节能的目的。

设计采用按各功能分区的环境特点和使用要求采用绿色照明及采用高效灯具和节能光源。同时采用智能照明控制系统对大楼的公共区域进行照明控制，根据自然光照度调节电气照明照度，上班定时开启，下班定时关闭灯光。

建筑设备自动监控系统（BAS）由操作站、现场控制器（DDC）、各类传感器及执行机构、控制层/管理层网络以及操作系统软件和应用软件等构成。该建筑设备自动监控系统采用分布智能式控制系统，对制冷、空调通风、供电、照明等设备系统进行自动监测或控制。提高系统的运行管理水平，及时发现并排除系统的一些隐患和故障。提高系统的安全性，并减少了不必要的能耗损失，达到系统的运行节能。

通过采用以上措施，广东全球通大厦（新址）机电系统达到了优于现行标准 15% 的节能效果。

（4）可再生能源

大楼东裙楼数码廊屋面南北向长 116m，东西向长 8.5m，总面积约 1000m²，远离主体建筑，周围没有遮挡物，具有良好的日照条件。设计在此屋面设置太阳能光伏电池，并与数码廊整体建筑风格相适应。发电主要用于数码廊与地下车库照明。可采用 2V/800~1000Ah 铜铟镓锡薄膜蓄电池 110 节，系统设计根据负载形式确定蓄电池配置。全年发电量约为 60000kWh。

在总裁办公区图书馆上空设置两套光导管直径为 530mm 的顶向采光光导管照明系统。与光导照明相配套，设置照度控制辅助人工照明系统。按全年日光平均照度 25Klx 计算，光导照明地面年平均照度为 85lx。按图书馆阅览室 300lx 的照度要求，晴好天气光导照明能够满足照度要求。

另本项目还设计采用了太阳能园林灯、太阳能热水系统等，通过对可再生能源的利用，使本项目优于现行节能标准 1.5%。

节水与水资源利用

本项目设置合理、完善的供水、排水系统。生活给水系统采用用变频调速供水设备。可根据用户用水量变化，控制系统控制水泵变频运行，具有高效节能效果，可以很大程度地减少运营成本。

卫生器具选用节水型；坐式大便器采用暗装冲洗水箱，蹲式大便器采用光电型带有破坏真空延时自闭式冲

洗阀，洗脸盆采用红外感应水龙头，小便斗、蹲便器采用红外感应冲洗阀，清洁卫生、避免交叉感染，并且节约用水。

西裙楼屋面设置雨水收集系统，收集塔楼雨水用作裙楼天面绿化用水。塔楼部分雨水主管排水先经沉沙池后，再流至设置在西裙楼屋面的 60m³ 的雨水蓄水池，通过一套流量为 10L/s，扬程为 30m 的气压给水设备向裙楼屋面花园绿化浇水，节约了用水用电。

结语

广东公司全球通大厦（新址）工程通过系统性、专业化的绿色节能与智能化设计，令本项目顺利通过住房和城乡建设部 2009 年科学项目"绿色建筑与低能耗建筑'双百'示范工程（第二批）低能耗建筑"项目立项，并准备申报国家绿色三星认证。项目设计超过《公共建筑节能设计标准》和《公共节能设计标准广东省实施细则》的要求，优于标准要求 25%，建成后将实现公共建筑 62.5% 的总体节能率的目标。

减排指标（单位：吨/年）　表4

类别	节煤	减排 SO₂	减排 SOX	减排 CO₂
指标	742.5	54.3	26.6	6641.2

各系统节能设计与节能标准对照表　表5

	围护结构	空调系统	照明与配电	可再生能源	合计
优于节能标准	3.5%	10%	10%	1.5%	25%

节能预测分析　表6

节能量估算	可能量（kW·h）	节能（度）	节煤（吨）
	24150000	6037500	742.5

该工程规模应用的环保节能措施及智能化建筑技术对绿色建筑的推广起到了借鉴参考和指导作用。同时，中移动广东公司依据本工程的成功实践，结合省内具有代表性的移动通信建筑进行分类及能耗检测，并结合国家有关节能标准制定了《中国移动广东公司建筑节能设计企业标准》及图集，给新建移动通信建筑节能设计提供企业规范。

2010年广州亚运会赛时管理中心 (制证/制服中心)

设计人：

卢筱艺　林冬娜　陈奥彦　崔玉明

梁银天　廖旭钊　孔庆存　罗晓春

普大华　侯浩然　杨驰驰　孔　铭

陈晓玲　阮　翼　曹兆丰

建设地点：广州市番禺区

用地面积：22028m²

总建筑面积：9422m²

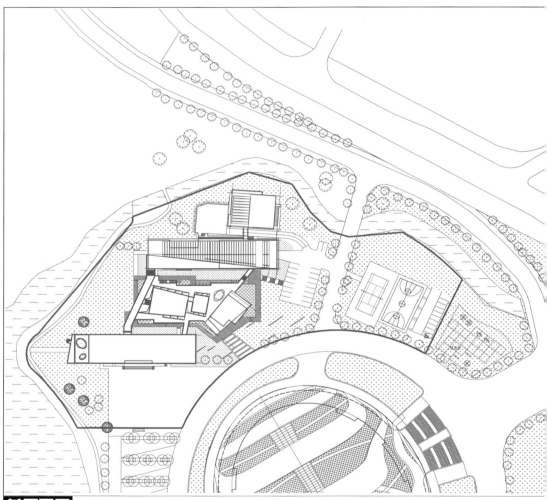

总平面图

实景图

2010年广州亚运会
赛时管理中心
(制证/制服中心)

工程概况

赛时管理中心（制证/制服中心）位于广州自行车轮滑极限运动中心基地的西北部，紧邻大学城中心湖岸，南面是广场并连接区内环路，用地面积22028m²，总建筑面积9422m²，地上3层，地下1层，建筑高度19.30m，结构形式为钢筋混凝土框架结构。

赛时管理中心建筑平面结合基地形状采用庭院式布置，由自编A、B、C、D、E区五部分组成。建筑主体A区及B区为矩形正南北向，以内廊及局部外廊的形式布置办公空间；C区、D区及E区结合多功能厅、阅览、展览及餐厅等功能，采用梯形、折线形等形成自由个性的形体。建筑的南面为主入口广场，广场西侧湖边有两株古树。东侧设置后勤入口及停车场，靠近厨房、库房等后勤功能。利用广场及停车场旁边内部路作为消防车道，消防车可通过设于建筑南面及东面的车行道进出。内部功能沿着线性平面逐层展开，流线清晰简洁。东南端布置大空间的大会议室和视屏会议室，靠近主入口门厅，便于人流的组织。建筑沿湖面展开的一侧，主要是办公室、会议室、休息室等，从多角度利用湖边独特的气候，形成办公内部良好的景观和办公环境。

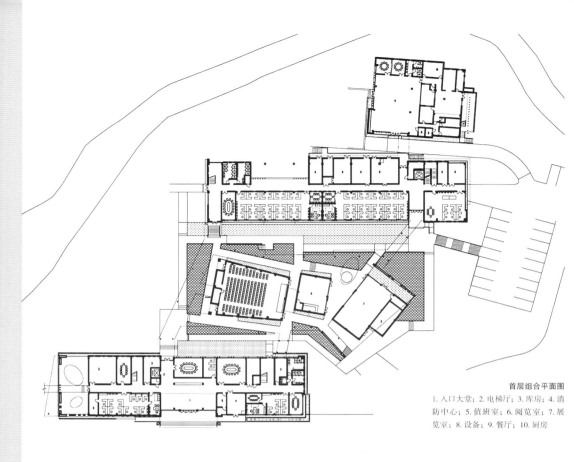

首层组合平面图
1. 入口大堂；2. 电梯厅；3. 库房；4. 消防中心；5. 值班室；6. 阅览室；7. 展览室；8. 设备；9. 餐厅；10. 厨房

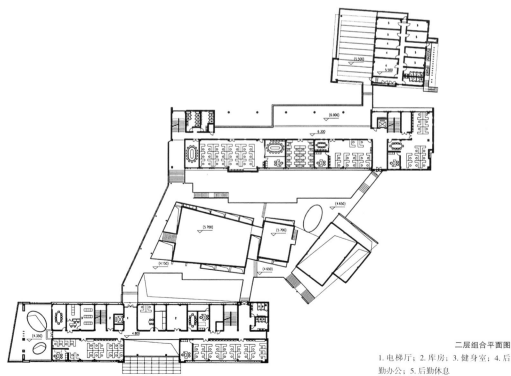

二层组合平面图
1. 电梯厅；2. 库房；3. 健身室；4. 后勤办公；5. 后勤休息

建筑平面图

实景图

2010年广州亚运会
赛时管理中心
(制证/制服中心)

建筑设计主要特点

● 设计充分考虑南方地区的气候特点，建筑主体朝向以正南北向布置，入口朝南，采用开敞式的外廊设计，有良好的自然通风，主要办公空间规整实用。

● 与自行车馆的关系处理，采用流动的形体，为了避开与自行车馆的冲突，选择以延伸空间的处理手法。通过草坡，开放式展示空间及旁边的缓坡台阶，可到达二层休闲景观平台，层层伸展，立体的空间处理使视线和人的活动得以延续，而不是停滞在原地。

● 外立面采用花岗石和生态木相互搭配，刚柔结合，环保耐用，与自然环境相呼应相融合，营造出更好的建筑景观。

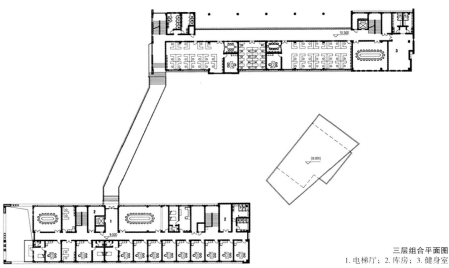

三层组合平面图
1. 电梯厅；2. 库房；3. 健身室

建筑平面图

2010年广州亚运会
赛时管理中心
(制证/制服中心)

建筑设计主要特点

● 在建筑沿湖一边，结合保留树木而伸展出一个休息平台，使人们可在工作之余，在平台上享受湖景，随着时间变化呈现出不同景观，力求创造一个与环境结合的精品建筑，让人工的自然与纯粹的自然互相渗透，办公领域与自然之间互相结合。

● 在内庭院设计上，将水景设计引用到庭院中，结合多功能厅、阅览及展览厅的布置，用现代手法来创造新岭南水乡的场景，使建筑有漂浮于水面的感觉。在两栋主办公楼之间的公共区域，创造宜人的滨水空间，为相聚、洽谈、娱乐带来更舒适的场所。

岭南传统园林空间精神的解析和重构
——广州大学城赛时管理中心建筑设计

发表于《建筑学报》2010 年第 12 期

作者：林冬娜　陈奥彦　卢筱艺

岭南传统园林空间是相对通俗的，较少曲意营建的所谓意境，即使有，造园者往往也并不认真，其实关注更多的是材料（包括园建和苗木）和依形就势的随机效果，并且其趣味的营建也往往是很生活化的，随意性强并且颇具试验精神，敢于大胆运用外来的要素，这与长期处于政治中心的边缘并靠近舶来品方便上岸的海洋有莫大关系。特别是近现代的一些园林作品更是离诗渐远而与生趣日近，代表作品可见岭南四大园林以及老百姓喜闻乐见的金碧辉煌的宝墨园。

以建筑写诗殊非易事，勉力为之易出现"梨花体"，然而乐生、好奇的空间是较易达到的水准，作为典型岭南人，我们没有好高骛远的取法乎上，而是力所能及地抛开横平竖直的建筑界面去探求更具趣味的建筑空间。赛时管理中心傍坡而立，面水而居，为我们提供了良好的解析和重构岭南园林精神的机会。

大学城赛时管理中心位于广州大学城体育与信息共享区内，建筑面积 9422m²，地上 3 层，地下 1 层，为钢筋混凝土框架结构建筑。赛时管理中心是亚运比赛期间大学城区域的制证制服中心，赛后作为广州市重点公共建设项目管理办公室办公楼。中心用地西临大学城中心湖岸，中心湖美景可尽收眼底，景致优美，东面为广州自行车馆。用地为湖岸小丘陵地，北高南低，内有古木数棵。

赛时管理中心建筑南面为主入口及入口广场，广场保留西侧湖边两株古树。东侧设置后勤入口及停车场，靠近厨房、库房等后勤功能。建筑平面结合基地形状采用分散体量的庭院式布置，既避免过大体量对湖岸景观的影响，又构成良好的空间序列。整个赛时管理中心建筑由 A、B、C、D、E 五大部分组成。办公楼主体 A、B 栋为正南北向矩形形体的 3 层办公楼，依地势而建，南低北高。A 栋为内廊式办公楼，建筑门厅两层通高，首层为对外接待、会议、及业务窗口，二三层为内部业务部门和领导办公休息室，主要办公、会议和休息空间均能眺望中心湖，多角度地利用湖边优异的景观条件。B 栋为外廊式办公楼，布置对外业务部门，外廊各层略有退台错位，使各层间有良好的外部办公休息交流空间，主要办公室布于南向，可观赏中部庭院的廊、桥和花园。A、B 栋办公楼中间布置一层高的 C 栋多功能会议室和 D 阅览室和展览室，这些空间均采用梯形和折线形等形体，自由地散布于南北两栋建筑主楼之间，各建筑单体间以灵动的廊、桥相连，形成完善的有遮盖的步行系统和二层平台花园。E 栋餐厅及后勤用房布置于基地北端

建筑下风向处，有独立的车行流线和后勤院落。建筑 A、B 栋办公楼立面主体采用芝麻灰花岗石幕墙，窗外遮阳采用竖向生态木方，建筑上有局部出挑，以生态木幕墙装饰，在立面上形成丰富的光影变化，打破建筑立面的规整和沉闷感。C、D、E 栋体量较小，为园林环绕，以大面积的生态木幕墙装饰，辅以石墙白柱。生态木幕墙作为园林的空间界面，不仅围合园林空间，也参与园林空间意义的表达，幕墙上开有或规整或自由的窗洞，使得室内外空间互相渗透，增强空间的层次感。整个建筑的立面装饰借鉴园林建筑的手法处理建筑细部，形成丰富的肌理和材质变化，与周边的自然山水环境相得益彰。

建筑园林设计引入岭南水乡的概念，以时断时续的规整水面联结整个中部庭院，水池黑底银边，池中点种鸢尾，池底散铺白色鹅卵石，颇具禅意。水景在园林中无处不在，分散的建筑体量穿插于水池中，建筑间以园路、廊、桥连接，中国园林意向的自然之水与西方园林意味的匠气之水在此水乳交融。建筑周边遍植青竹，竹间点缀木凳、景石若干，在竹间品茗休憩，静逸清幽。庭园迎着湖面方向设置多层次的绿化平台，形成环抱湖水的态势，创造了良好的景观和办公环境。A 栋办公楼西端设 3 层通高的室外边庭，古树的枝桠穿过框墙伸展开去，远处的湖景如镶嵌在框墙上的画。二层廊桥及屋面联结而成的二层平台简洁大气，平台中部有架空木枋搭建而成的休憩平台区，上设阳伞和休息座椅，周边环以绿化。二层平台局部留出圆、方洞口，首层庭院的香樟、青竹穿洞而出，阳光从洞口照射到首层庭院中，带来摇曳的树影和粼粼波光，走在首层庭院中，可以穿过洞口看到蔚蓝的天空，上下两层间的园林在此交流融通。

赛时管理中心的整个设计充分演绎新岭南建筑的空间韵味，内部庭院空间步移景异，如一副流动的画卷，引人入胜而趣味盎然。作为办公建筑，设计通过空间的有机铺排，使人在转折起合的廊、桥、梯、厅中穿行的历程中，去感受内心的宁静和自然的和谐，体验新的办公理念和文化。

研究文献

实景图

让建筑空置，用情感填满

——广州大学城赛时管理中心建筑设计

作者：陈奥彦

老舍先生曾在《想北平》中这样形容：北平的好处不在处处设备得完全，而在它处处有空儿，可以使人自由的喘气；不在有好些美丽的建筑，而在建筑的四周都有空闲的地方，使它们成为美景。老北京的这种四合院及胡同的基本肌理，与岭南园林的幽、旷具有异曲同工之妙，展现出碧水小桥与亭台楼阁交互融合的场景。广州大学城赛时管理中心正是通过这种以环境包容建筑、考虑激发参观使用者内心情感，不以建筑本身的标志性作为出发点的理念完成设计的。

1.概况

广州大学城赛时管理中心是 2010 广州亚运会大学城区域的制证制服中心，赛后将作为广州市重点公共建设项目管理办公室的总部。建筑位于广州大学城体育与信息共享区内，毗邻广州亚运会场地自行车及花样轮滑馆，建筑面积 9422m²，地上 3 层，局部有一层地下室，为钢筋混凝土框架结构建筑。基地西侧是大学城中心湖区；南侧有据传元朝时期已在此开村的郭氏宗祠及若干古树；东侧是主干道内环东路，一路之隔是华南理工大学。现代建筑的高效率原则与历史文化肌理及环境的冲突，正在这里高调地显现出来。

2.设计理念

古树、宗祠，提醒着外来的一切，她们才是这里的主人。现代建筑既然已经入侵，那就应该为尽可能地保留场所原有的记忆而努力。场地的一侧是自行车轮滑馆，一个巨大的椭圆形金属外壳建筑，在阳光下发出咄咄逼人的光芒。场馆椭圆的长向面对基地，据甲方说从风水观念上来讲，与基地是对冲的，不利于在办公楼里面工作的人。为了处理这些矛盾，设计采用了化整为零的方法，不再以夺目的建筑体型来给这块场地添乱了，取而代之的是小体量、分散的布局。赛时管理中心被设计为一个由多层庭院空间堆栈而成的空间组织，除了两栋 3 层高的正南北向的办公楼之外，建筑并没有很清晰及张扬的几何形体，但在不同标高上通过庭院空间及台阶把城市公共空间与宜人小尺度的环境结合在一起。"空儿"成为了连接各区域的核心。运动员、游客、学生，在这里驻足观赏，休息闲聊，带来生活的气息，化解竞赛中的紧张与纷争。

3.空间布局

基地本身有着丰富的环境资源及生命力，毗邻大学城中心湖区，视线足够宽阔，因此水的引入是建筑可利用的一大优势。这里并不是为了刻意营造岭南水乡的气息，其实是为了游人在中心湖中划船时，能够由中心湖区深入到建筑内部，里外连成一体，游人自由上岸，但是甲方觉得这会让建筑过度开放而没有了私密性，最终放弃了这一构想。如今的浅水池更多的是为了区分交通流线，水体空间把去会议室的人群与室外经过的人群区别开，开会的人即使在雨天的情况下也能在平台的遮掩下走动不被雨淋。而水池也是为了能再次聆听到从前雨滴在瓦当之间下坠，落在屋檐下的水缸里的滴答声，加上旁边竹影婆娑，可以让人在片刻中想起自然。

与自行车场馆的空间处理是让甲方最为头痛的事情，其实大可不必担忧。首先这是两个完全不同类型的建筑，在功能上没有相似性，体形上更是差异巨大，使用上关联甚少。这样的两个建筑，没必要生硬地让它们互相协调或者呼应，只需让处于次要地位的建筑谦虚地回避开即可。自行车馆以坚硬的金属外壳裹着自身，拥有极度排外的特性，而赛时管理中心就以敞开的大台阶作为回应，迎接游人的来临。

沿着自行车场馆的长轴方向，建筑作出空间及高度上的退让，使视线得以延续。游人可以通过搭接在建筑上的半室外台阶，直接上到二层休息平台，并层层伸展。在这里游人可以平视自行车场馆，不再有压迫感。通过这三座连接于两办公楼之间的建筑，可以有 4 种不同的进入办公楼的途径，没有办公区与非办公区之间的明显边界，办公楼的功能被打散、平铺开，这些空间与功能之间的模糊和不确定性是这个建筑最让人感兴趣的地方。在这样一个整体空间中，各功能体没有明显的边界，却有着密切的联系。在这功能模糊的区域里，现代建筑工业化的规则和秩序变得松散，而更接近于自然的规则，四通八达，通畅无阻。人们不会被规定从正面的主入口进入建筑，而是被鼓励有选择性地体验空间，发现新秩序。这是个掺杂着创造力与灵感，随心情及使用需求而变换使用方式的空间。简单却多样化的形体，有序而复杂的空间，不仅反映建筑与周边的关系，也成为人与自然交融的场所，把在传统办公建筑中的孤躁生活，变成在自然中的漫步。

4.建筑材料

赛时管理中心设计的初衷是使用清水混凝土作为建筑的外墙。这种材料有种原始的味道，如同品尝一杯苦丁茶，寒素与枯涩却又充满回味，正如此建筑作为第一个真正意义上的个人作品，如人生起步，创业之始的坦诚、不加修饰。后来不知道什么原因，就改成花岗石幕墙了。生态木外墙及地板的使用则是环保与功能性的体现。该材料结合了植物纤维和高分子材料两者的诸多优点，能大量替代木材，可有效地缓解我国森林资源贫乏、木材供应紧缺的矛盾。我国每年有 7 亿多吨的秸秆、木屑需要处理，而处理方式大都是焚烧及掩埋，如果把这些秸秆用于制造建筑材料，可极大减少我国森林的砍伐量，还会大量增加森林对环境中二氧化碳的吸收量。建筑师在实现自己理念的同时，是要为未来负责的，因为建筑是可以在那里屹立 50 年的，不只是一个简单的产品，而是一种媒介，向社会传达着某种信息，是属于未来的东西。在这里我们不仅想传达环保的概念，更想为今后的建筑留下楷模。人需要前瞻，现在做的很多事情都是为了给将来的人设计生活，尤其像建筑、城市规划，跟未来的人、城市和生活有很大关系。可能在建筑中一件不经意的环保材料，就能使使用者觉得，自己也应该为保护资源及下一代的生存权利而努力。

结语

很幸运，这个建筑作品要表达的思想受到了甲方的认可，在设计过程中建筑师拥有比较高的自主权，设计作品的完成度也比较高。这点其实建筑师和艺术家是有关联的，他们都是通过自己的作品去表达一些观念。日本作家村上春树在领取耶路撒冷文学奖的时候曾说，在高墙与鸡蛋之间他将永远选择站在鸡蛋一边。建筑师其实也需要有这样的人文关怀，只有这样做出来的建筑才会寄托更多的理想与信念，只有情感与精神才是最能打动人的。感人的建筑肯定不会是超过 600m 的超高层，也不会是体形怪异的外星建筑，可能只是白云山上的一座小凉亭，人们喜欢在那里下棋、登高望远。当我们面对小谷围岛的原住民时，我们才会知道这个场所到底需要一个怎样的建筑，或许不是一个赛时管理中心，而只是一些"空儿"，就足够了。

马拉松和公路自行车比赛线路

2010广州亚运会
马拉松和公路自行车
比赛线路

设计人：

李来埔　黄文龙　郭奕辉　彭国兴
陈　颖　廖信春　陈嘉宁　侯少恩
邓少丽　黄中流　王　奇

建设地点：　广州市大学城
总设计长度：约20km
总设计面积：约18万m²

建筑设计及实景

实景照片

比赛现场

实景照片

实景照片

节点4

节点5

节点3

节点1

节点6

节点2

● 标志性节点设计（比赛起点、终点、赛事回程点）

● 宣传、后勤服务点　● 环路交通节点设计

实景照片

实景照片

实景照片

实景照片

2010广州亚运会
马拉松和公路自行车
比赛线路

第16届亚运会于2010年11月12日至27日在中国广州进行。作为国际奥林匹克运动历史中最长久的运动项目——马拉松长跑项目，与公路自行车、篮球、足球、击剑等多个比赛项目一起，在广州大学城举行，让广州大学城再一次站到了世界目光聚焦的舞台上。

马拉松和公路自行车比赛线路沿线公共绿化升级改造工程项目位于广州大学城的外环路（长约15km）及部分内环路（长约5km），总长约20km，是大学城的主要交通干道，途经大学城全部校区，并承担大学城对外连接的作用。设计目的以现有绿化为基础，改造长势不良、效果不好的植物品种，并以提升城市形象，向世界展示大学城风貌为出发点，全面提升绿化景观效果，向各国人民展示广州风采。

运动员餐厅及运动员村东停车场区

设计人：

洪　卫　黄伟勋　张书翔　李　欣

曾志伟　刘敬涛　赵熠灵　侯浩然

黄　强　沈　洪　林振华　刘　玫

古旋全　许春燕　梁跃明

用地面积：11.5万m²

总建筑面积：1.5万m²

其中：餐厅13000m²

候车廊，调度中心等2000m²

室内实景　室内实景

建筑设计及实景

运动员餐厅及运动员村
东停车场区

广州亚运城后勤服务区作为广州亚运城四个主要组团之一，位于亚运城南部及北部中间位置，包含四个功能区：运动员餐厅及运动员村东停车场区、运动员体能恢复训练中心及志愿者宿舍区（赛后中学、小学）、消防站区、亚运广场停车场区。后勤服务区赛时为运动员提供餐饮、体能恢复训练、后勤办公、志愿者住宿以及提供生活及安全保障功能。赛后餐厅及停车场部分临时建筑将拆除，志愿者宿舍为中小学，消防站将承担这一地区的消防安全保障职能。其总用地面积约 21.3hm^2，总建筑面积约 7 万 m^2。基地内用地平整，自然植被良好，有裕丰涌流经，环境景观优美。

本项目运动员餐厅及运动员村东停车场，位于广州亚运城北部，北临亚运路，与运动员村隔裕丰涌相邻，占地面积约 11.5 万 m^2，建筑面积约 1.5 万 m^2，其中餐厅 13000m^2，候车廊，调度中心等 2000m^2。

实景照片

运动员餐厅及运动员村
东停车场区

　　运动员餐厅功能分区明确，供餐，就餐流线方便简洁。厨房货运，仓储，垃圾运输流线合理高效。结合现有地块，餐厅按南北分区：南部为用餐区，东面结合运动员停车场始发区设置入口广场，南向，西向为次要的疏散出入口。赛时，运动员就餐形式基本以自助餐为主，结合少量的现场加热处理供餐，可供运动员24h用餐；餐厅的北部为厨房，北面设置室外仓储区，厨房货物出入口，西面设置垃圾出口，货物及垃圾在非繁忙时段集中通过用地东南侧车辆验证口运送。餐厅整体分区明确，流线简洁合理。

效果图

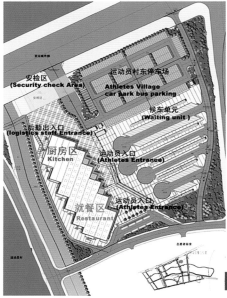

安检区
(Security check Area)

运动员村东停车场
Athletes Village
car park bus parking

候车单元
(Waiting unit)

后勤出入口
(logistics staff Entrance)

厨房区
Kitchen

运动员入口
(Athletes Entrance)

就餐区
Restaurant

运动员入口
(Athletes Entrance)

总平面图

效果图

室内实景

实景照片

室内实景

实景照片

中学及小学

设计人：

洪 卫　黄伟勋　胡景聪　黄永贤

李 欣　叶国认　刘敬涛　赵煜灵

侯浩然　黄 强　沈 洪　林振华

黎 洁　陈晓玲　许春燕

建设地点：广州市番禺区

用地面积：7万m²

总建筑面积：5.4万m²

广州亚运城后勤服务区设计

发表于《建筑创作》2010 年 137 期

作者：洪卫　黄伟勋　胡景聪

运动员餐厅及运动员村东停车场区：

运动员餐厅及运动员村东停车场，位于广州亚运城北部，北临亚运路，与运动员村隔裕丰涌相邻，占地面积约 11.5 万 m^2，建筑面积约 1.5 万 m^2，其中餐厅 13000m^2，候车廊，调度中心等 2000m^2。

根据大型国际比赛举办的时间间隔较长，且多为临时建筑的特点，结合运营团队的要求以及运动员就餐周期的需求，餐厅规模为 13000m^2，使用座位约 3000 座，并满足 1500 座的无障碍餐位。其就餐形式对餐厅的总体设计起着决定性的作用，厨房、餐座的布置都围绕着这个因素展开。

运动员餐厅功能分区明确，供餐、就餐流线方便简洁。厨房货运、仓储、垃圾运输流线合理高效。结合现有地块，餐厅按南北分区，南部为用餐区，东面结合运动员停车场始发区设置入口广场，南向、西向为次要的疏散出入口。赛时，运动员就餐形式基本以自助餐为主，结合少量的现场加热处理供餐，可供运动员 24 小时用餐；餐厅的北部为厨房，北面设置室外仓储区，厨房货物出入口，西面设置垃圾出口，货物及垃圾在非繁忙时段集中通过用地东南侧车辆验证口运送。餐厅整体分区明确，流线简洁合理。

运动员餐厅座椅分区设置，其尺寸及间距较普通餐厅座椅宽裕，在座椅区间布置由赞助提供的饮料供应区，供运动员免费取用；设存衣间，为运动员就餐提供方便；卫生间兼顾餐厅就餐人员及外部候车人员使用。厨房设备基本以租用为主，食品的粗加工在亚运城外解决，需要大量的室外和室内仓储区来存放已经加工好的食品，食品需经过严格的检验检疫方可进入精加工区进一步加工。考虑到餐厅使用人数多，且食品供应频率高，因此采用备餐走道的形式为餐厅提供服务，使提供食品的备餐间与就餐区紧密结合。

11 月的广州正值秋高气爽的季节，餐厅设计尽量采用自然通风，建筑物的整个东西立面及南立面上部的窗都可以根据需要开启，尽可能减少能耗。

餐厅为临时建筑，采用模块化设计，通过方形装配式轻钢结构单元组合而成，屋面结构材料采用夹芯钢板屋面，餐厅部分每个模块单元设采光天窗，使得餐厅大进深空间自然采光良好。赛后餐厅可方便的拆除，钢材构件可重复利用，达到节俭办亚运的目标。

运动员村东停车场含亚运城始发站台，设置 80 个始发车位；275 个大巴停车位。候车区设置候车岛，候车单元等设施，周边设置绿化，为运动员提供良好候车环境。

运动员体能恢复训练中心及志愿者宿舍区

（赛后中学，小学）

运动员体能恢复训练中心及志愿者宿舍区位于亚运城中部位置，东侧临路与技术官员村相望，南部为规划路，北邻赛时运动员餐厅，占地面积约 7 万 m²，总建筑面积 5.4 万 m²。设计紧密结合赛时和赛后功能设置，以赛后学校需求为主，赛时作为运动员体能恢复训练中心及志愿者宿舍区，赛后进行小量的改造即可成为国家级示范性中学、番禺区小学，分处于地块的北部和南部，为亚运城的赛后运营提供完备的教育资源。

赛时，体能恢复训练中心设置在中学体育馆，设置室内恒温标准游泳池、室内活动室、健身房及按摩保健间、室外设标准运动场，为运动员提供休闲活动场所。志愿者宿舍区含志愿者宿舍、餐厅及后勤办公用房等，分布在中学教学楼、宿舍、食堂和小学内，可提供约 2900~5800 个床位，为志愿者提供良好的住宿、餐饮、活动场地。运动员使用区与志愿者区采用临时安保围网分区，出入口分流。

赛后，中学为广州市一所历史悠久的重点中学的新校区，建筑面积 4.5 万 m²，设 18 个高中班及 30 个初中班，根据国家示范性中学的要求进行设计。学校教学区，活动区及生活区分区明确合理，含教学行政楼、宿舍、食堂、体育馆、值班房及体育场，各类教学设施完备，达到国家级示范性中学标准。小学为番禺区教育局使用，建筑面积 0.9 万 m²，设 24 个班，集教学、行政、体育设施于一体，教学设施齐备。

中学教学行政楼的行政部分靠近北侧入口布置，方便对对外联系及管理，含图书馆及 1000 座会议厅，利于教师及学生共享，满足会议厅对外使用的需求。教学楼为高中部、初中部联体，两部中间设置各类实验室，音乐室及计算机室等辅助教学用房，实现高中、初中教学资源共享。中学在设置生物、地理、物理、化学实验室的基础上，增加机器人实验室、各类综合探究室、天文台、琴房、合唱厅和排练厅等功能用房。

中学体育馆 3 层，设置标准室内恒温游泳池、健身房、室内羽毛球场、室内篮球场、屋顶设网球场。东侧结合体育场设置室外看台，为多功能使用提供可能性。

中学的宿舍分设男女两栋，中间布置教师值班室，便于管理。

食堂处于夏季主导风下风向，位于体育场南北轴中心的位置，建筑采用方正对称的形式。首层为教师餐厅，以上各层为学生食堂。

小学动静分区基本与中学一致，东侧为教学区，中间为行政办公区，西侧结合体育场布置体育馆。

建筑群整体风格统一，造型、色彩与中学原有校区呼应，展现学校的历史延续性。造型处理上，充分利用结构构件及墙体位置的变化，加强整体凹凸感，既降低了炎热多雨地区的遮阳成本，又满足了业主预留室外空调机位的需求，使得主次立面均稳重厚实感，体现学校"明德，崇智，笃学，敦行"校训的精神，成为亚运城一道色彩鲜明的风景线。

消防站

消防站位于亚运城南端中部，占地面积约 5400m²，总建筑面积 3500m²，一级消防站，设置 9 部消防车位。站内各类工作、学习、生活用房齐全，设备完善、先进，场地内布置训练塔、灯光球场等训练活动设施，为消防官兵提供了良好的工作、生活环境，是亚运城的安全运行的坚强保障。

亚运广场停车场

亚运广场停车场临近亚运广场设置，占地面积约 3.4 万 m²，为赛时临时停车场，停放各类后勤车辆，设置 262 部小汽车停车位，175 部大巴停车位，并设置调度室、休息室等临时用房。场内环境舒适，绿化优美。

结语

广州亚运城后勤服务区设计紧密结合建设主管部门提出的节俭办亚运的要求，按照"祥和亚运 绿色亚运 文明亚运"的主题设计，以各类型建筑的不同具体功能需求及材料的综合利用为切入点，针对临时建筑和赛时赛后功能改造的特性采取多种设计手法，进行建筑设计和外部环境设计。

整个项目在与整个亚运城的规划协调、城市空间设计、与亚运城环境协调、赛后合理有效的利用、资源共享、建筑节能设计、节约投资、高效高品质高起点等方面都进行了详细的研究和比较。例如：运动员餐厅通过装配式轻钢结构单元组合，使得赛后可方便的拆除，钢材构件可重复利用；志愿者宿舍合理布置朝向，采用了多种遮阳设施及新型门窗材料，使得需要大面积开窗的赛后教育建筑可采用普通玻璃，且能满足节能设计的要求；运动员体能恢复训练中心与赛后中学体育馆功能进行结合，使之即满足赛时功能要求，又能满足赛后使用。

广州亚运城设计受到多重功能及安保等各方面要求的制约，只有在紧密结合需求的前提下，立足现有条件，客观分析制约因素，处理好造型与功能、环境与空间、个体与群体之间的相互关系，整合空间环境形态，塑造特色鲜明的建筑形象，达到提升整个设计的环境质量和文化品质的目的。

广州自行车馆

2010年广州亚运会
场地自行车赛和花样轮滑
表演赛比赛场地

设计人：

林冬娜	崔玉明	何锦超	谭开伟	林　昆
陈乃华	杨驰驰	廖旭钊	陈应专	魏　路
劳智源	李司秀	梁景晖	侯浩然	罗晓春

建设地点：广州市番禺区
用地面积：67002m^2
总建筑面积：26856m^2
体育场规模：2022座

建筑设计及实景

概念图

广州自行车馆为 2010 年广州亚运会场地自行车赛和花样轮滑表演赛比赛场地，是省院独立投标并以国际设计竞赛第一名中标实施的设计方案，为华南地区首座国际标准室内自行车赛馆。

广州自行车馆造型设计概念为亚运会五羊会徽与极限运动头盔形象的融合。屋面造型为透雕效果的椭圆球体，曲线流畅、形态舒展。建筑参考岭南传统建筑的敞厅和骑楼做法，设计了敞开式观众大厅和环馆遮阳通廊，将地方传统建筑的智慧融汇到现代建筑创作中。设计中考虑了多重节能手法，降低后续运营能耗。

自行车馆建筑面积 26865m²，地上 3 层，固定坐席 1780 座，活动坐席 240 座。其结构形式为预应力钢筋混凝土框架结构，屋面为局部双层钢网壳结构，网壳长度达 102m（短轴）~126m（长轴），是目前国内超限大跨度局部双层单层网壳结构的首例。

自行车馆内设宽 7.5m，长 250m 的国际标准自行车木赛道，该赛道设计具有非常高的技术含量，是目前国际最优秀的室内自行车赛道之一，其精确度测量误差仅 2.4mm，在 2010 年亚运比赛中，这条赛道上共产生了 6 项新亚洲纪录，为刷新纪录最多的比赛项目。

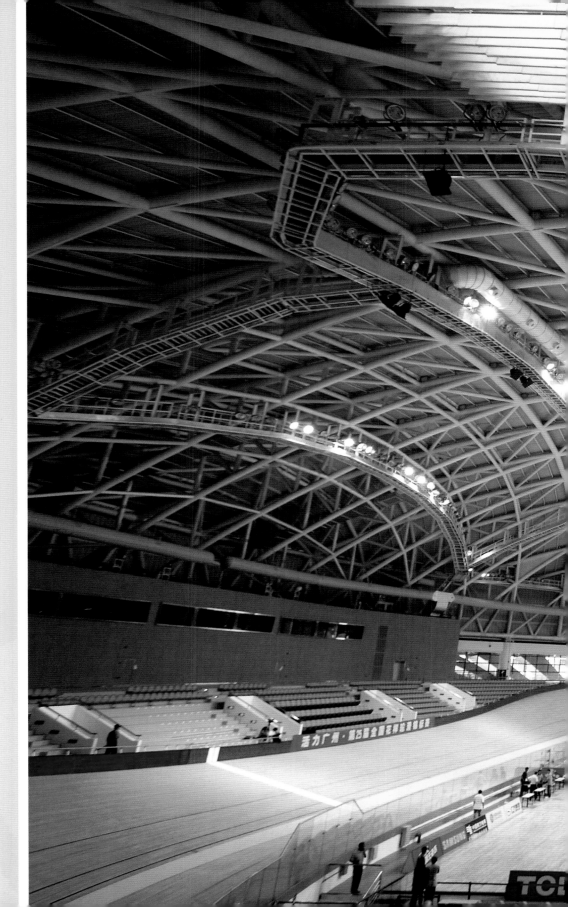

室内实景图

观众厅实景图

夜景实景图

鸟瞰实景图

结构剖面图

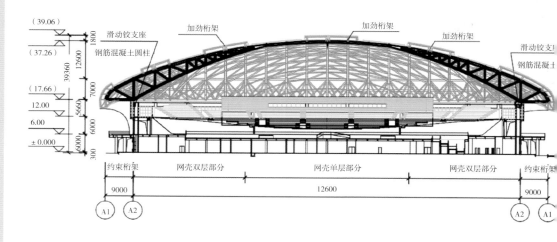

（39.06）
1800
滑动铰支座
加劲桁架
加劲桁架
加劲桁架
滑动铰支座
钢筋混凝土圆柱
钢筋混凝土
（37.26）
12600
39360
（17.66）
7000
12.00
5660
6.00
6000
± 0.000
6000
300

约束桁架
网壳双层部分
网壳单层部分
网壳双层部分
约束桁架
9000
12600
9000

A1 A2
A2 A1

钢屋盖轴测图

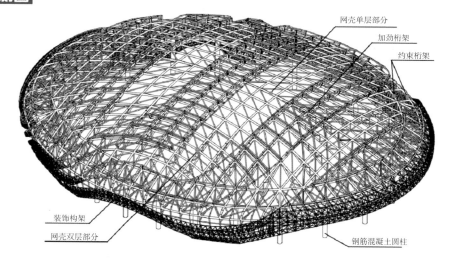

网壳单层部分
加劲桁架
约束桁架
装饰构架
网壳双层部分
钢筋混凝土圆柱

建成后实景图

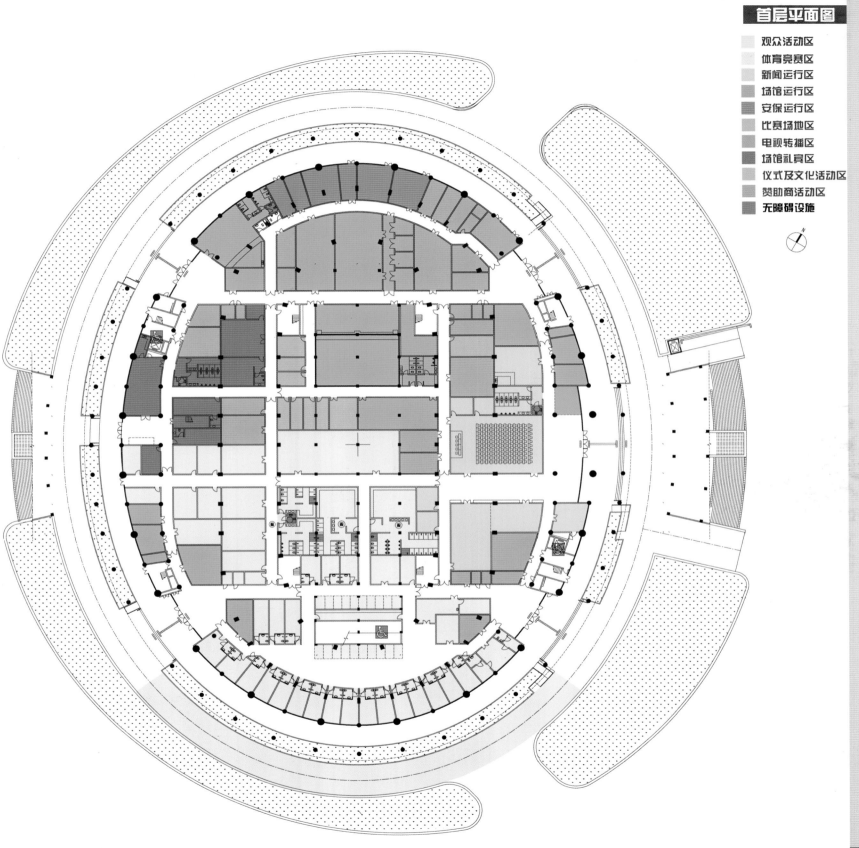

观众活动区
体育竞赛区
新闻运行区
场馆运行区
安保运行区
比赛场地区
电视转播区
场馆礼宾区
仪式及文化活动区
赞助商活动区
无障碍设施

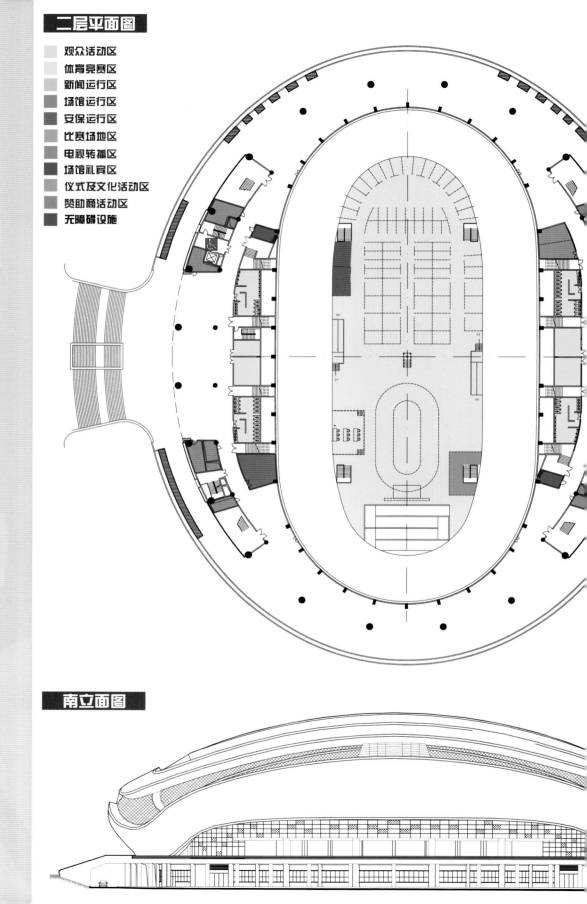

观众活动区
体育竞赛区
新闻运行区
场馆运行区
安保运行区
比赛场地区
电视转播区
场馆礼宾区
仪式及文化活动区
赞助商活动区
无障碍设施

南立面图

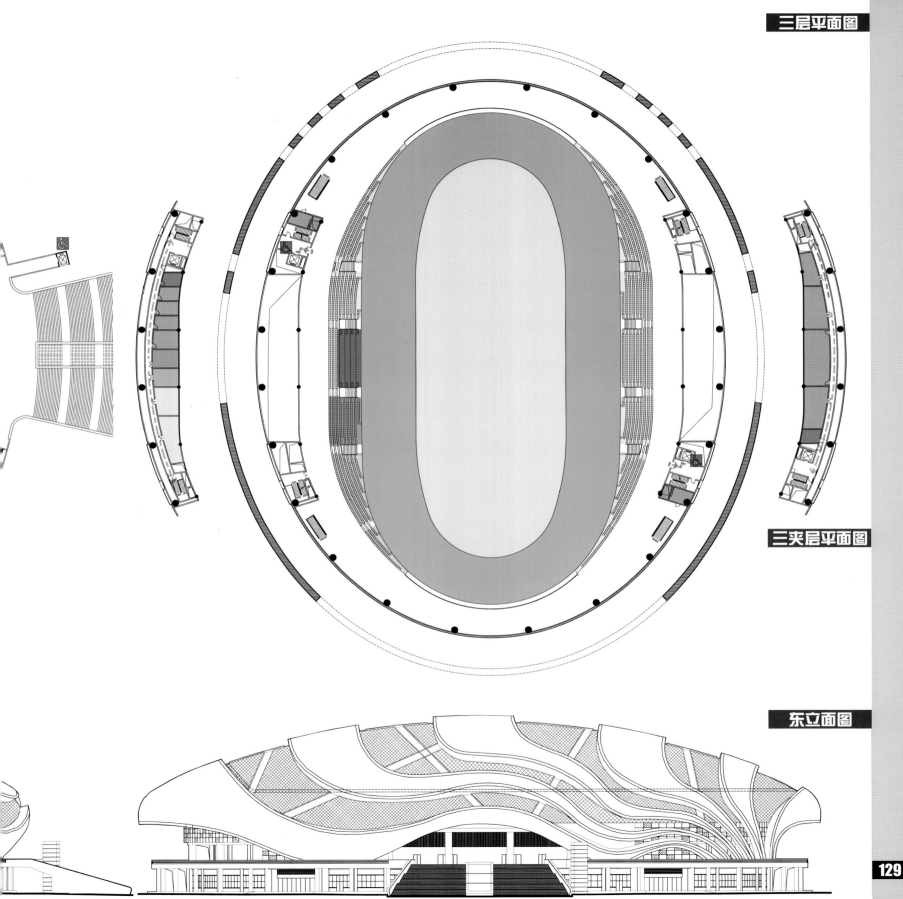

三夹层平面图

东立面图

2010 年亚运广州自行车馆设计

发表于《建筑学报》2010 年第 10 期

作者：林冬娜　崔玉明

1.概况

广州自行车馆位于广州大学城中心体育与信息共享区内，为广州自行车轮滑极限运动中心项目中的主体建筑。广州自行车轮滑极限运动中心占地 16.7hm²，总建筑面积约 4.8 万 m²，基地西临中心湖，自北至东接弧形内环路，基地内南有山地，北具河涌，绿化茂密，景观优美。

用地划分为三大片区：赛时管理中心区、自行车馆和轮滑场地区和极限运动区，极限运动区又包含小轮车场、极限运动公园、极限运动综合楼和攀岩广场等分项，用地面积不大，但功能内容繁多，功能流线和关系复杂。其中自行车馆、轮滑场和小轮车场为亚运比赛场馆。

广州自行车馆位于基地中部，结合自行车赛道的形状，平面采用椭圆形平面，体量宏伟，造型独特。自行车馆总建筑面积 2.68 万 m²，地上 3 层，结构形式为预应力钢筋混凝土框架结构，屋面为局部双层钢网壳结构。馆内设 7.5m 宽，250m 长自行车木赛道，亚运赛时设 2000 坐席，是亚运场地自行车赛及花样轮滑赛比赛场地。

2.造型设计

广州自行车馆设计概念为亚运会五羊会徽与极限运动头盔形象的融合。

其实，直到建成，这个酷似头盔的外形依旧是颇有争议的，无专业背景的老百姓或许喜闻乐见，毕竟很少见这么大个帽子摆地上，以围观猎奇心理看看热闹也挺开心，行家却多认为流于形式。顶着形式主义的大帽子，在这里委屈地辩驳几句，形式决定功能从来都不是我们设计中所奉行的，恰恰相反，在这个馆的设计中，功能是摆在最先予以考虑的。自行车赛道的形状为接近椭圆的空间曲线，因此决定自行车馆的平面必然是以椭圆形或圆形为主，虽然也可以采用其他不规则形状，但从造价及实用性等考虑，终究不如规整体型更符合现实需求。椭圆球体与半圆球体体型均非常圆润完整，形象上除了以肌理等手法去解决外，难有突破。国内这些年体育馆建了这么多，这种被戏称为龟壳的体型各个城市都会趴着那么一两只，实在没有兴趣再在这里添上一个。因而在有了自行车赛道这个核之后，我们也在寻找与这个核相匹配的形式，既能体现自行车运动的精神，又有浅显易懂的含义能让人过目不忘。

亚运会徽的标识是熊熊燃烧的圣火所组成的五羊雕塑，飘逸的线条似火如风，倒是让我们想到了自行车选手在高速比赛中御风而行的感觉和火热激昂的比赛场景，于是我们把这动感飞扬的线条放到了建筑上，对椭圆球体进行镂刻处理，于是，一个带着亚运会徽的独特头盔应运而生。所以说到底，浪漫的形式也只是基于理性选择的结果，倒是无关什么主义。

自行车馆投标时屋面造型为透雕效果的椭圆球体。屋面分为三个层次，面层为凸起的飘带线条，飘带间为连续的采光天窗，采光天窗上覆盖满洲窗图案肌理的透雕铝板做遮阳处理。进入施工图设计阶段后，考虑节能设计、屋面防排水、内部空间效果和造价控制等问题，对屋面设计进行了较大的设计调整。原透雕效果帽子屋面如果做成一个完整的连续屋面，形体过于复杂，施工难度大。多方考虑后，我们将屋面系统化繁为简，分成三大部分：真正起屋面功能的铝镁锰板屋面设计为一个完整的椭圆半球体，原大面积天窗缩减为中部四个大型采光窗，既满足天窗采光，又避免过多空调能耗；镂刻的飘带则以装饰性铝板架空于铝镁锰屋面上，屋面雨水可以自由地穿过架空的铝板飘带分流至外周的屋面天沟中，再以虹吸系统排走；原满洲窗肌理的透雕铝板因造价过高空间拼接难度过大被忍痛割弃，代以铝管装饰网格，装饰网格最终成为泛光照明点灯的天然支架，倒是物尽其用。

虽然在施工图阶段我们对原造型设计方案做了多方调整和舍弃以获得更多的可实施性，但依旧坚持了初始的设计概念。建成后的自行车馆，曲线流畅，造型舒展，充满力量和动感，成为大学城中心湖畔一道最美丽的风景，充分展示亚运体育建筑独特的魅力。

3.功能设计

自行车馆如大部分的体育建筑一样，分三大功能区块：比赛场地区、观众区和内部功能区。为保证各区运行上的独立和便利，我们通过分层布置来处理这三大区块的关系，并通过内外环路的设置解决各区对外交通问题。

结合场地地形西高东低的特点，环绕自行车馆四周设了不等宽的外环路，兼做观众疏散广场用。观众入口设在二层，通过大台阶与环路联系，建筑与外环路之间形成不等宽的绿化坡地。为了满足消防车扑救的及内部功能区通行要求，在首层环绕建筑设有 7m 宽的环形消防车道，可作为自行车热身环道。

自行车馆首层为新闻媒体区、运动员区、竞赛管理区、贵宾区、场馆管理区和设备用房等内部功能区。各功能分区均设有独立的入口以方便管理，且与观众入口分层而设，减少相互间的交叉干扰。

二层为竞赛区和观众入口大厅。考虑到南方高温多雨的气候特征，自行车馆在设计上参考了传统骑楼建筑的设计手法，环绕二层建筑设置了 10m 宽的室外遮阳廊道，既可远眺中心湖的美景，又为普通极限运动爱好者提供交流、娱乐、休闲的活动空间。观众大厅借鉴了岭南传统民居敞厅做法，向观众入口台阶敞开，不做任何围敞，与周边环廊一起形成流动连续的过渡灰空间。赛场位于二层椭圆形平面的中央，包括长 250m 宽 7.5m 的木质赛道及其内侧的蓝区、安全区和内场，内场供运动员休息热身及比赛发令、裁判计时、颁奖、升国旗等活动，也可作为花样轮滑比赛场地。

三层为观众席、赛时技术用房和包厢。观众席围绕位于椭圆形中央的赛场布置，主要设在赛场东、西两侧。下区看台设固定座位 1780 座，上区看台设临时座位 242 座。其中西看台设置有贵宾官员坐席、媒体评论员坐席、运动员坐席及部分普通观众坐席，东看台全部为普通观众坐席。上区看台临时座位为可装卸的组合结构，在亚运会后可拆除。另在出入口附近设有一定比例的残疾人坐席。普通坐席的尺寸为 480mm×800mm，贵宾及媒体坐席按要求加大。坐席视线设计以赛道测量线以上 500mm 为设计视点，每排座位视线升起值 C ≥ 60。三层东、西观众席后面布置有电子显示屏及赛时技术用房、安保用房和赞助商包厢等。

4.节能设计

自行车馆沿场馆周边形成遮荫通廊，东西遮蔽，南北开敞，且观众席层南北向开大面积窗，利于形成热压引导气流穿越场馆。观众大厅采用岭南建筑常见的敞厅做法，减少了空调使用面积。屋面有四大面采光天窗，采光天窗采用 LOW-E 夹胶玻璃，向场馆一面玻璃为磨砂面玻璃，使得进入场馆的光线多为漫射光，避免赛道上产生明显的阴影；而采光天窗下布置的空间吸声体使得室内光线更为均匀柔和，基本能满足日常训练运营的需要，可节省不少日常照明用电。另外，建筑玻璃幕墙采用 LOW-E 玻璃、外墙体采用加气混凝土砌块等措施都有效地降低了建筑物全年能耗，大幅降低场馆的常年运行费用。

5.结构设计

自行车馆钢屋盖为局部双层椭圆球面网壳结构，网壳跨度达 102m（短轴）~ 126m（长轴），属于超限的大跨度网壳结构，是目前国内大跨度局部双层的单层网壳的首例。

自行车馆屋盖采用局部双层的单层椭圆球面网壳结构。屋盖中间大部分为单层结构，沿屋盖周边局部设置了双层的杆件，结构整体仍属于单层网壳结构。这种结构形式综合了单层网壳及双层网壳结构的优点，力学性能优良，整体稳定性好，工艺成熟，单价较低，在达到同等性能的前提下，用钢量比全单层网壳低。此外，结构厚度小，外观轻盈，无需装饰吊顶，建筑效果比双层网壳好。目前国内对局部双层的单层网壳已有一些研究，但这种大跨度的工程实例仅有本工程。

本工程为了节省空调制冷、灯光照明的等的运营维护费用，以达到环保节能的目的，尽量压缩了室内空间高度及体积，采用了较为扁平的体型，网壳矢跨比很小，平均矢跨比 1/9.05，长轴向仅 1/10。（矢跨比是网壳的一个重要几何参数，对网壳结构的空间受力性能有关键性影响，常见网壳结构矢跨比为 1/3 ~ 1/7。）

钢屋盖由 24 根钢筋混凝土圆柱支承，圆柱与屋盖之间由铸钢球铰支座联结。球铰支座可沿径向滑动，滑动方向向着屋盖中心，在保证整体稳定的前提下，避免了将网壳侧推力直接传递给下部的混凝土结构，大幅度减小了温度荷载的影响。

在每个单向滑动支座处，沿径向均设有两根液体黏滞型阻尼器，共设置了 48 根阻尼器。液体黏滞型阻尼器在静止或缓慢运动状态下（比如重力荷载和温度荷载作用下）不起作用，一旦遭遇强风、强震，屋盖结构与钢筋混凝土圆柱之间有较快的相对运动时，阻尼器将产生阻尼力，阻尼力和相对运动速度相关，速度越快，阻尼力越大，每个阻尼器最大可产生和承受 60t 的水平力，从而吸收、消耗振动能量，保证了建筑结构在强风、强震下的安全。经弹塑性动力时程分析验证，结构整体可抵御 100 年一遇的强风及地震。

建筑造型在椭圆形网壳上有多条极富雕塑感的凸起飘带，结构设计上利用建筑飘带造型，设置加劲桁架，对屋盖中央部位的单层网壳结构作了加强，提高了整体稳定安全度，减少了单层网壳部分结构的用钢量，同时改善了结构的整体安全度，加劲桁架与"飘带"的融合，使建筑造型有了更为有力的内涵依据，不再流于形式，

真正达到结构与建筑的完美统一。

6.体育工艺设计

与北京老山自行车馆木赛道相同，广州自行车馆木赛道体育工艺设计方为德国舒尔曼设计所，施工方为大连千森。

木质自行车赛道为椭圆形、盆状的设计结构。跑道最大的安全速度范围设计在 85km/h 至 110km/h 之间。跑道规格为长 250m，宽 7.5m，直道长度为 41m，给运动员一个加速到极限的合理空间。弯道半径为 20m，使运动员实现了弯道的快速通过。按照国际自盟的要求，整条赛道的坡度在 13° 至 45° 之间。赛道全程倾斜角均处于渐变中，从而减小运动员高速进出入弯道时，由于赛道倾角变化过快，导致运动员的向心加速度产生了过大变化，有"超重"和"失重"感觉。坡度渐变线性采用一组不对称曲线，在进入弯道时斜角变化速率小于出弯道时，这种不对称的设计考虑了赛车竞赛的特殊性及离心力，并提供比对称的赛道更好的性能。

整个赛道由 390 片桁架组成，桁架等距分布在场地中，赛道表面为西伯利亚欧洲赤松木条，这种木材表面受轻微摩擦后不起屑、不易留痕迹，木材纤维长，软硬适中，适合广东地区的气候，不变形。

安装后的赛道的测量线是一条具有完美比例的精确线，符合 UCI 一类赛道全部规则。跑道的下部设有占跑道宽度 10% 的放松道（蓝区）和供比赛的运动员、教练员以及裁判员使用的安全区域，安全区域总宽度大于 4m。2008 年奥运会，老山自行车赛场上创造了多项世界新纪录，而广州自行车馆赛道设计在老山赛道的设计基础上再次进行了优化，线形更加流畅、平稳，也为运动员创造更好的成绩打下基础，毋庸置疑，广州自行车馆赛道将成为亚洲最优秀的室内自行车赛道之一。

结语

广州自行车馆设计过程几易其稿，历时三载方建成。遗憾终归难免，但是落成后的自行车馆依旧保有显著的地方场所精神和独特个性魅力，设计师的梦想终归在现实的土壤中发了芽，开出绚丽的花。

基于理性——广州自行车轮滑极限运动中心规划设计

发表于《建筑创作》2010 年第 11 期

作者：林冬娜

1.概况

广州自行车轮滑极限运动中心位于大学城中心体育与信息共享区内，是华南地区首个集中的大型极限运动场地，是亚运场地自行车赛、速度轮滑赛和小轮车赛的举办地点。基地西面临湖，自北至东接弧形内环路，基地内南有山地，北具河涌，绿化茂密。在这块 16.6hm² 的用地上需要布置的项目繁多，包括：自行车馆、轮滑场、小轮车场、极限运动公园、攀岩广场、极限运动综合楼、亚运会大学城片区赛时管理中心等，可以说，规划设计更多考虑的是基于合理布置各项目的理性选择而非图形化的浪漫思考。

2.概念

总体规划概念为"极核旋风"——寓意充满动感与挑战的极限运动在青少年中掀起时尚旋风。主馆设计概念为亚运会标志与极限运动头盔的形象融合。

3.规划

规划方案充分尊重大学城环形 / 放射的规划结构及地形地貌特点。特点如下：

主体鲜明——体量最大的自行车馆布置在基地中部，成为统摄整个场地的核心，其他建筑及场地环绕其展开，主体鲜明，排布有序。

规划协调——规划结构与大学城总体规划协调。场地拓展原入口通路形成正对自行车馆的主入口，极限运动公园及小轮车场间加设了一条通路成为停车场及极限场地的专用入口，南部保留原郭氏宗祠路，形成连接内环的三大放射形通路。规划将原 L 形环湖路调整为与内环路平行的弧形道路，既与大学城路网协调，又使原来沿内环路的三角形地块变为扇形，更利于场地布置和划分。

动静分明——场地以入口 – 主馆 – 祠堂一线为界，场地东南部体现动感，于内环与环湖路间布置极限运动综合楼、极限运动公园、小轮车场及攀岩等极限场地，既方便使用，其生动热烈的运动场面更可成为内环沿线一景；西北部相对安静，布置办公建筑赛时管理中心。

适应山地——规划结合地形进行设计，尽量减少场内土方量。中部广场设计为西高东低，结合主馆周边形成不等宽的绿化坡地，动感十足，在东南部高台布置室外场地的控制性建筑极限运动综合楼，东面洼地则形成下沉式的极限运动公园，通过台地广场形成级差，形成

层次丰富的室外空间。北部则保留山丘地形布置赛时管理中心，错落的体形和园林形成丰富的建筑空间。

利用水景——赛时管理中心布置在相对安静的西部半岛上，主体办公楼南北向布置，主要办公空间均能眺望中心湖景观，其他会议展览餐厅等分散的建筑体量穿插于园林中，水景在园林中无处不在，中国园林意向的自然之水与西方园林意味的匠气之水在此水乳交融，充分演绎新岭南建筑的空间韵味。

化解矛盾——用地红线和原有道路条件对用地使用形成一定制约，规划采用广场软化道路边界，通过灵活的场地组织和建筑体量布局，化制约因素为有利条件，设计了特色鲜明的场地和建筑。

4.建筑及运动场地

4.1 广州自行车馆

自行车馆为亚运场地自行车赛和花样轮滑表演赛比赛场地。广州自行车馆设计概念为亚运会五羊会徽与极限运动头盔形象的融合。屋面造型为透雕效果的椭圆球体。屋面分为三个层次，底部为铝镁锰板屋面，外覆铝板飘带条，飘带间为铝管装饰网，整体造型曲线流畅，形态舒展。建筑参考岭南传统建筑的敞厅和骑楼做法，设计了敞开式观众大厅和环馆遮阳通廊，将地方传统建筑的特点融汇到现代建筑创作中。

自行车馆建筑面积 26865m²，地上 3 层，结构形式为预应力钢筋混凝土框架结构，屋面为局部双层钢网壳结构，场内固定坐席 1780 座，活动坐席 240 座，共2020 座，最多可容纳 4000 座。主体一层布置运动员区、竞赛管理区、场馆运营区及媒体区。观众通过入口台阶及休息平台进入二层观众服务区，其他人流则通过地面环道各个入口进入所属区域，地面环道可供车辆环行，环道仅设两个出入口，交通流线清晰，管理严密。

自行车馆内宽 7.5m，长 250m 的国际标准自行车木赛道，赛道设计方为德国舒尔曼设计所，广州自行车馆赛道设计在老山自行车馆赛道的设计基础上再次进行了优化，线形更加流畅、平稳，将成为亚洲最优秀的室内自行车赛道之一。赛道内场可按需变换功能，包括自行车比赛热身和裁判区、花样轮滑场地等。

4.2 轮滑场

轮滑场为亚运速度轮滑赛比赛场地，建筑东西向布置，总建筑面积 754m²，地上 1 层，上设固定看台

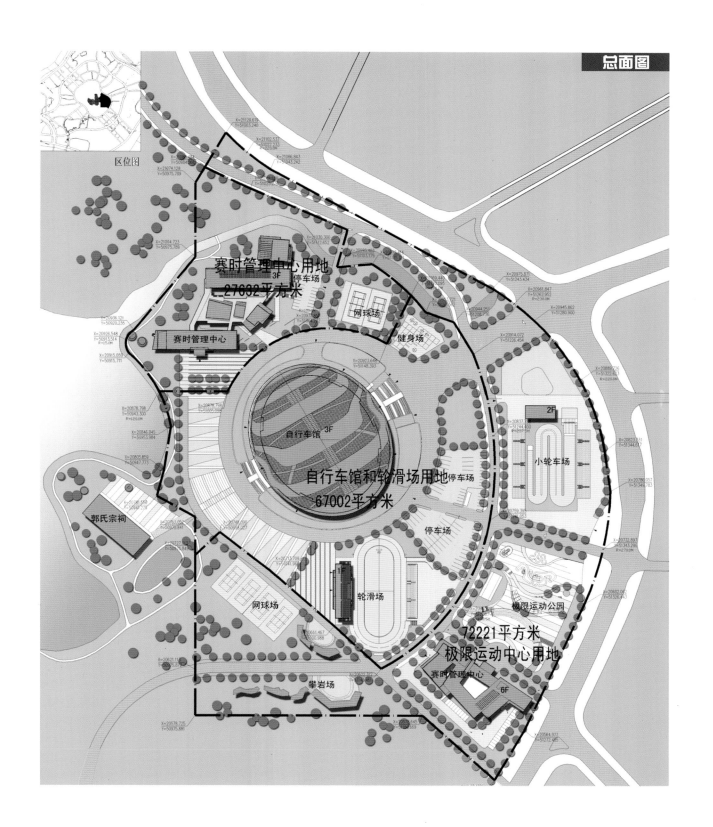

赛时管理中心用地
27032平方米

赛时管理中心

网球场

健身场

自行车馆 3F

自行车馆和轮滑场用地 停车场
67002平方米

停车场

郭氏宗祠

2F

小轮车场

轮滑场

网球场

极限运动公园

72221平方米
极限运动中心用地

赛时管理中心

6F

攀岩场

区位图

1000 座。建筑造型为白色实体量与灰色竖向线条虚体量的嵌套，简洁大方，充满力量感，充分展示体育建筑独特的魅力。

轮滑场赛道为室外赛道，依据轮滑协会最新赛道设计要求设计，赛道由两条等长的直道和两个半径相同的弯道组合而成，弯道部分有升起，总长度 200m，赛道宽度 6m，采用沥青混凝土基层及丙烯酸涂料面层，赛道周边设 1m 高挡板。内场为裁判场地，面层采用金刚砂，赛后可作为花样轮滑及轮滑球场地使用。

4.3　小轮车场

小轮车场为亚运小轮车赛比赛场地，赛时设 2000 临时坐席。小轮车场含小轮车场附属楼及小轮车场比赛场地，小轮车场附属楼楼高两层，面积 590m²。首层为医疗、药检和设备用房，二层为贵宾及竞赛管理用房。小轮车比赛场为 90m×60m 的长方形场地，依据国际自行车联盟规范进行设计。赛道长 330m，由出发坡、出发门、直道、弯道、终点及缓冲区组成，在直道上设有符合 UCI 标准的各种障碍。本场地共设 4 直道、3 弯道，第一直道宽度为 10m，其余直道宽度为 7.5m，赛道设计了两种可选择路线，其中精英赛道设在第二直道。赛道的直道为优质土碾压而成，弯道有弧形升起，铺设沥青混凝土，沿弯道外侧设 1.2m 高防护挡板，弯道外侧砌筑挡土墙，非赛道区域种植草坪以减轻运动伤害。出发坡高度 5.2m，由出发平台区、出发门、坡度区及缓冲区组成。

4.4　大学城片区赛时管理中心

赛时管理中心为大学城片区赛时制证制服中心，总建筑面积 9463m²，地上 3 层，地下 1 层。

建筑位于基地西北部，紧邻大学城中心湖畔，建筑南面为主入口及入口广场，广场保留西侧湖边两株古树。东侧设置后勤入口及停车场，靠近厨房、库房等后勤功能。赛时管理中心建筑平面结合基地形状采用分散体量的庭院式布置，既避免过大体量对湖岸景观的影响，又构成良好的空间序列。

办公楼主体 A、B 栋为正南北向矩形形体，以内廊及局部外廊的形式布置办公空间，建筑沿湖面展开的一侧，布置办公室、会议室、休息室等重要空间，多角度利用湖边独特的景观条件。C 栋、D 栋及 E 栋结合多功能厅、阅览、展览及餐厅等功能，采用梯形、折线形等相对自由的形体。建筑立面采用芝麻灰花岗石及生态木

搭配，借鉴园林建筑的手法处理建筑细部，形成丰富的肌理和材质变化，与周边的自然山水环境相得益彰。

园林设计引入岭南水乡的概念，将建筑布置于水池中，周边以园路、廊、桥连接，形成步移景异的内部庭院空间。庭园迎着湖面方向设置多层次的绿化平台，形成环抱湖水的态势，创造了良好的景观和办公环境。

4.5　极限运动综合楼

极限运动综合楼位于基地南面，紧靠内环路，总建筑面积 9999m²，地上 6 层，是极限运动场地管理和极限运动教学的中心。

结合基地形状，极限运动综合楼采用折线形平面，形成自由个性的形体。建筑北面为主入口，朝极限运动公园布置半圆形入口广场，可将整个极限运动公园区收于眼底。

内部功能沿着线性平面逐层展开，内部流线清晰简洁。建筑结合地形做错层设计，西北 6 层，东南 5 层。首层仅在西北部设厨房及后勤相关配套用房。建筑主入口设于建筑二层中部，门厅采用敞厅设计，紧邻中心庭院，环中心庭院布置外廊，形成通高的中庭，使得各楼层均能分享优美的庭院景观。入口门厅周边设报告厅、新闻中心用房、贵宾区域、体能训练房和餐厅等人流较多的用房，方便大量人流直接从二层门厅出入口疏散。三、四层主要为教学用房、示范用房及休息室。五层主要设置电教室及休息室，六层为办公区、设置办公室、接待室及会议室。

建筑立面设计采用竖向混凝土遮阳板搭配大面积的竖向条形窗和玻璃幕墙，遮阳构件在立面形成丰富的光影变化，局部出挑的房间和小阳台在丰富体量的同时也增加了建筑的趣味性和雕塑感。建筑色彩以白色为基调，局部以木色体块进行穿插和强调，色调素雅而不失活泼。充分体现了极限运动刚柔并济的审美特点和精神气质。

4.6　极限运动公园及攀岩区

极限运动公园将按国际极限运动场地规范中的 A 级标准进行设计，在满足国际高水平极限运动比赛的要求下，为市民提供标准的滑板、攀岩、BMX 等休闲活动场地。极限运动公园总占地约 10000m²，分为 4 个部分：碗形活动区、U 形台、街道练习区和竞技表演区。其中街道练习区主要为初学者服务，碗形活动区和 U 形台服务于中高阶段选手。竞技表演区的比赛表演设施在赛时按需要搭建。场地周围还设有阶梯式看台和遮荫

雨棚。攀岩区根据教学、训练比赛性质的不同可搭建出不同等级的场地。

极限运动公园及攀岩区非亚运比赛项目,目前仅设计至规划阶段,尚未实施。

结语

本项目特点在于用地相对紧张,项目内容众多,并且许多项目比较冷门,可供参考借鉴的例子不多。规划需要解决的中心问题是总体布局问题,每一个项目必须根据其需要安排好位置和用地,兼顾其赛时赛后的使用功能,并且还需要考虑用地本身的局限条件以及周边环境要求,而场地赛时赛后业主也有不同,因此还需兼顾不同业主不同时期使用的需求,所以规划设计更像是一个管理分配的过程,布局过程不断的调整对比以寻求更为合理、矛盾最小的方案。

事实上在一些功能比较复杂的建筑设计中同样存在这种情况,即设计的过程类似管理分配的过程,涉及方方面面的因素,"功能主义"在这类建筑设计中变成达标的基本要求而不是必须高举的旗帜,实践就算不是检验设计好坏的唯一标准,也是至关重要的标准。在这样的项目中,绝大多数的规划设计选择必须是基于理性分析的占优策略,建筑师综合处理的技巧和借题发挥的才能也因此必须经受实践充分的考验。

自行车馆效果

轮滑场效果

极限楼细部

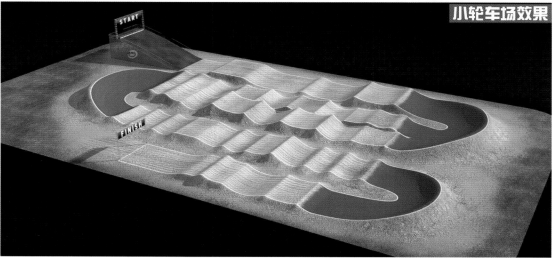

小轮车场效果

广州亚运自行车馆消防设计

作者：梁景晖

1.工程概况

广州亚运自行车馆是广州自行车轮滑极限运动中心（包括自行车轮滑馆、轮滑场、赛时管理中心和极限运动综合区）的主体场馆，第16届亚洲运动会室内自行车比赛项目将在这里举行。该场馆位于广州大学城体育与信息共享区内，北面毗邻大学城中心体育场，西面濒临中心湖，东、北面临内环路，总建筑面积26856m²，地上3层，屋顶最高处建筑高度39.86m，屋面檐口高度17.96m。固定座位1780座，临时座位2042座。

2.自行车馆的建筑特点

外形寓意自行车赛车手头盔的广州自行车馆，建筑耐火等级为二级，建筑结构类别为乙类，结构形式为预应力钢筋混凝土框架结构，屋面为钢网壳结构。结合自行车赛道的形状，建筑平面呈椭圆形，首层为新闻媒体区、运动员区、竞赛管理区、贵宾区、场馆管理区和设备用房；二层为竞赛区、观众出入口大厅。赛场位于二层椭圆形平面的中央，包括长250m宽7.5m的木质赛道及其内侧的蓝区、安全区和内场。内场供运动员休息热身及比赛发令、裁判计时、颁奖、升国旗等活动，也可作为花样轮滑和轮滑球比赛场地。人员集中的观众入口大厅设于该层东、西两侧，环绕建筑留有宽敞的室外平台；三层为观众席、赛时技术用房和包厢。

3.自行车馆的消防设计特点

根据建筑特点，广州自行车馆消防分别设有消火栓系统、自动喷水灭火系统、固定消防炮系统、洁净气体灭火系统等。以下根据各系统特点分别作介绍。

3.1 消防用水量

3.2 室外消火栓系统

室外消防用水由市政自来水管网供给。整个自行车轮滑极限运动中心共用一套室外消防管网。沿各场馆周边道路布置DN150供水管道并按不大于120m间距布置室外消火栓。室外消防管由多个环网组成，并通过两根DN150管与广州大学城给水管网相接。

3.3 室内消火栓系统

整个自行车轮滑极限运动中心共用一套室内消防环网。消防泵房及消防水池设于自行车馆首层。各单体建筑通过两根连接管与共用环网相接，连接管上设有闸阀及单向阀，单向阀后各自设有水泵接合器。这样设置使各单体室内管网相对独立，方便控制及管理。由于自行车馆屋面为钢网壳结构，没条件设屋面消防水箱，最后决定将18m³的消防水箱设在极限运动综合楼的六层屋顶上。

自行车馆的室内消防系统管道在首层水平成环状布置，各层消火栓从环状管引管取水，消火栓设在走道、楼梯附近等明显易于取用的地方。消火栓间距保证同层任何部位有两股水枪充实水柱同时到达。

比赛场内消火栓的布置有异于一般的体育馆。按消防规范要求，消火栓间距不大于50m，一般体育馆的常规做法是通过在比赛场地的周边布置消火栓来满足比赛场地的消防要求。由于自行车馆的结构特点，比赛场地周边的消火栓很难满足比赛场地的消防要求。因为从平面布置来看，场馆的中心是内场，中间是自行车赛道，外围是观众席等。若在赛道外围布置消火栓，从平面距离上看是可以满足两股水柱同时到达内场最不利点的，但实际上消火栓与内场之间有7.5m宽的木赛道分隔，赛道倾斜度最大超过45°，不利于消防人员操作灌救。若将消火栓布置在内场，虽然可满足消防要求，但与周

消防用水量总表

项目	设计消防用水量（L/s）	火灾延续时间（h）	合计（m³）
室外消防用水	30	2	216
室内消防用水	20	2	144
自动喷水灭火系统	21	1	76
固定消防炮灭火系统	40	1	144
室内合计			288
室内外合计			504

注：由于自动喷水灭火系统、固定消防炮灭火系统保护区域不同，按一次火灾不同时动作考虑，取其中大值144m³。

围的环境不协调，内场的使用功能也受到影响。经过反复研究，最后决定在位于内场四角的疏散楼梯的转弯平台上布置消火栓，这样既可满足消防要求，又不会对内场的使用功能及美观造成影响。

3.4 自动喷水灭火系统

自动喷水灭火系统按中危I级进行设计。按常规做法，除高大空间、变配电房、弱电机房、设备机房、淋浴间、楼梯间等地方外，其他可水消防区域基本上都设有自动喷水灭火系统。

设计初期，围绕着自行车木赛道下方是否需要设自动喷水灭火系统保护也展开过争论，争论的焦点是木赛道属可燃物，自行车馆内木赛道面积较大（约1875m²），木材用量较多（总用量为313m³），发生火灾的机率有多高？万一被引燃，是否会对屋顶钢结构构成威胁？根据国家消防工程技术研究中心有关广州自行车馆消防性能化报告结论：总体上木赛道比较难于引燃，引燃后燃烧持续时间较长，燃烧较为平稳，燃烧时，其周围温度上升较慢，产生烟气的温度最高为168℃。考虑一定安全系数，标高在+29.7m以下屋顶钢结构可采用薄型防火涂料，且结构耐火极限不小于1.0h；四层功能用房上空钢结构防火涂料采用厚型防火涂料，且结构耐火极限不小于2.5h。其中并未要求在赛道下方设水喷淋保护。考虑到木赛道以下的空间为全封闭状态，仅预留了几个必要的检修门，没有可燃物，基本不存在火灾隐患。另外，木赛道采用的是有300年树龄以上的欧洲赤松木制作而成，造价昂贵，根据体育工艺要求表面不能做任何涂层处理，若喷淋系统渗漏会对赛道造成破坏，损失巨大。因此木赛道下方未设自动喷水灭火系统，仅设置了红外火灾探测器，对可能引起的火灾进行报警。这个方案在后来由广东省消防局组织的针对本项目的消防论证会上得到了各方专家的认可。

3.5 固定消防炮灭火系统

由于观众厅大空间高度超8m，一般的自动喷水系统已失去作用，因此观众厅及比赛区设置固定消防炮灭火系统。采用与火灾探测器联动的固定远控消防水炮，自动定位定点扑救灭火。

消防水炮设计用水量为40L/s，在比赛大厅两侧的四层功能用房屋顶布置了8门室内数控消防水炮，每门水炮消防流量为20L/s，最远射程达50m，垂直旋转角

度为−90°～+85°，水平回转角达到360°，保证两门水炮水流可同时到达被保护区域的任何部位。

消防炮具有手动和自动两种工作方式。另外，在消防水炮下方还设有现场控制盘，方便消防人员现场手动操控灭火。

控制方面，根据比赛大厅的结构特点，沿观众席上方均匀布置了10套双波段图像火灾探测器，9套线形光束图像感烟探测器，24h对比赛大厅进行火灾探测及图像监控。一旦火灾发生，信息处理主机发出报警信号，显示报警区域的图像，并自动启动录像机进行录像，同时通过联动控制台采用人机协同的方式启动数控消防水炮进行定点灭火。

消防水泵房内设有三台固定消防炮系统加压泵（两用一备），设置两台系统持压水泵（一用一备）及囊式气压罐维持系统压力。

3.6 洁净气体灭火系统

采用七氟丙烷气体灭火系统。首层的网络机房、弱电机房、移动通讯机房、变配电房、高低压房等相对集中的防护区采用一套组合分配系统；三层的电视转播机房、计时计分控制机房由于距离较远，不利于设置组合分配系统，因此分别设置七氟丙烷柜式灭火装置。气体灭火系统的设计参数按《气体灭火系统设计规范》的有关规定执行，在此不再赘述。

结语

随着经济的发展和科技进步，出现了越来越多的大体量、功能复杂的公共建筑。这就要求消防设计工作者要根据不同类型的建筑及建筑的不同部位灵活使用各种消防系统及其组合，更好地为建筑服务。目前我国在大空间消防法规的制定方面相对滞后，期盼大空间建筑设计防火规范能早日出台，使设计人员在大空间建筑的消防设计过程中有据可依，少走弯路，更高效、经济地完成设计。

亚运自行车馆气流组织 CFD 的分析和探讨

作者：李司秀　陈伟煌　胡嘉庆

1.空调方案

高大空间的体育馆，气流组织是空调系统设计里的一个难点，观众区和赛场达到合理合适的温度、速度、PMV[1][2]、PPD[1][2]、空气龄[3]是设计中的关键问题。本建筑物是广州自行车馆和轮滑场（亚运赛馆），是一座以自行车.滑轮赛场为主的多功能体育馆场馆，总建筑面积约26865m²，固定座位1780个，临时座位2042个，总数4022个，地上3层；首层作设备用房、运动员和裁判休息室、办公室及新闻发布厅等，二层作门厅、休息厅、赛场及观众席，三层为观众席和技术用房等。

空调设计方案：

1.1　空调冷源

空调夏季设置1个冷冻水系统，冷负荷为3300KW，冷源由广州大学城区域冷站提供，在首层设一空调换热机房。区域供冷系统提供的一次水供回水温度为2.5℃/12.5℃，通过板式热交换处理后，为末端设备提供温度为6.5℃/13.5℃的二次供回水。

1.2　空调末端设置及气流组织[4]

1.2.1　首层的运动员和裁判休息室、办公室及新闻发布厅等附属用房小空间区域采用风机盘管加新风系统，气流组织为上送上回。新风过滤后经过新风空调器处理后，通过风管送入空调房间，同时设有排风。

1.2.2　观众区：采用4个全空气系统，空气处理机组设置在首层的空调机房内，送风采用纤维织物空气分布系统，均匀喷口设于观众区的顶侧处，回风设于固定座椅下和最顶观众区平台侧墙上，在座位下设有回风小室，回风全部通过回风管回到机房，气流组织为上送下回，使得整个观众区的气流分布更加合理，避免了空气死角。新风量可据不同季节调节，过渡季可加大新风运行。

1.2.3　赛场：采用2个全空气系统，空气处理机组设置在首层的空调机房，送风喷口设于赛场上侧方，回风设于固定座椅下和最顶观众区平台侧墙上，气流组织为上送下回，新风量可根据不同季节调节，过渡季可加大新风运行。当赛场进行不同比赛时，根据具体情况调整空调系统及喷口角度。

1.2.4　观众区和赛场排风：在场馆顶进行均匀布置排风，排风量为新风量的80%。

2.CFD模型及结果分析

2.1　计算条件

2.1.1　模拟范围

本次模拟主要是场馆区和座位观众区的空气速度场、温度场的模拟，如图1所示。

2.1.2　观众区赛场送风

A. 观众区的风量是200000m³/h（其中自然渗透6400m³/h），由设置在观众区顶侧的纤维风管的喷口进行送风，送风温度为13.5℃。

B. 赛场由在赛场顶的球形喷口进行送风，总风量是60000m³/h，共24个，每个喷口400mm直径，每个风量2500m³/h，送风温度为13.5℃。

2.1.3　回风布置

A. 在前四排座位底设回风，回风量共90000m³/h；

B. 在观众区最后一排座位平台侧面进行回风，共120000m³/h。

2.1.4　排风布置

在场馆最顶进行排风，3台排风机，每个排风机的风量为20000m³/h，排风百叶3个1400×1400。

2.1.5　室内负荷

顶部灯光：300kW

设备负荷：300kW（上部70%，下部30%）

人员负荷：4150人，1800kW（包括新风负荷）

2.1.6　计算模型

由于室内空间接近对称，在模拟的时候进行了简化，选取场馆的1/4进行模拟。如图2所示。

2.2　结果分析

通过采用AIRPAK软件模拟，得出三个截面（如图3所示，坐标为20.1、39.5、59.5）温度、风速、PMV、PPD及空气龄（是指空气质点自进入房间至到达室内某点所经历的时间，即指房间内某点处空气在房间内已经滞留的时间，反映了室内空气的新鲜程度，还反映了房间排除污染物的能力，平均空气龄小的房间，去除污染物的能力就强）分布。

2.2.1　截面1（20.1）温度、风速、PMV、PPD及空气龄分布：

分析：截面1(20.1)观众席顶侧有送风，赛场没送风，没回风。温度较均匀，观众区后排温度为26°左右，观众区前排和赛场部分区域温度为27°~28°。风速分布均匀，观众区后排风速 0.5~0.75m/s，观众区前排和赛场 0.5m/s 以下。观众区后排 PMV 为 0，不满意百分比 PPD 为 5%，为舒适范围，观众区前排和赛场 PMV 为 0.75，PPD 为 25% 到 37%，为微热范围。观众席后排座位离送风较近，所以空气龄就较小，其他区域略大。

2.2.2 截面 2（39.5）温度、风速、PMV、PPD 及空气龄分布：

分析：截面 2（39.5）观众席顶侧有送风，赛场较少送风，前三排观众区座位底回风。温度较均匀，观众区后排温度为 27°~28° 左右，观众区前排和赛场部分区域温度为 26°。风速分布均匀，观众区后排风速 1~1.5m/s，观众区前排和赛场 0.5m/s 以下。观众区后排 PMV 为 0.75，不满意百分比 PPD 为 25% 到 37%，为微热范围。观众区前排和赛场 PMV 为 0，PPD 为 5%，为舒适范围。观众席后排座位离送风较近，前三排有回风口，所以后排和前三排的空气龄就较小，其他区域略大。

2.2.3 截面 3（59.5）温度、风速、PMV、PPD 及空气龄分布：

分析：截面 3（59.5）观众席顶侧和赛场顶有送风，前三排观众区座位底和最后一排观众区座位的平台侧面回风，观众席的回风。温度均匀，观众区和赛场部分区域温度为 26°~27°。风速分布均匀，观众区风速约 1m/s，赛场 0.5m/s 以下。观众区和赛场 PMV 为 0，不满意百分比 PPD 为 5%，均为为舒适范围。观众席后排座位离送风较近，观众席前后区域均有回风口，所以观众席的空气龄就较小，其他区域略大。

总结

通过以上模拟，赛场和大部分的观众区能达到设计要求，较为合适的温度和速度，PMV 和 PPD 都在较为合适的范围，但在局部地方，只有在观众区的顶侧处送风的区域，前排观众区会偏热；只有在观众区的顶侧处送风和前排观众区有回风的区域，后排观众区会偏热；在观众区的顶侧、赛场顶处都送风和前排观众区、后排观众区都有回风的区域，空调就达到满意的效果。

参考文献

[1] 薛殿华 . 空气调节 [M]. 北京：清华大学出版社，1991
[2] 陆耀庆主编 . 实用供热空调设计手册 [M]. 北京：中国建筑工业出版社，1993
[3] 朱颖心主编 . 建筑环境学 [M]. 北京：中国建筑工业出版社，2005
[4] 采暖通风与空气调节规范 [S].GB50019–2003

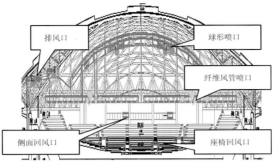

图 1　室内 CFD 模拟区域示意图

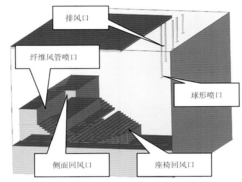

图 2　计算模型示意图

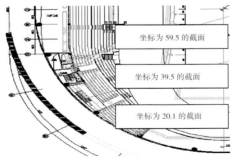

图 3　截面示意图

广州市珠江新城核心区市政交通项目（花城广场）

GUANGZHOU VELODROME OF 16TH ASIAN GAMES 2010

2010年广州亚运会开幕式主会场所在地

设计人：

何锦超　赏锦国　孙礼军　洪　卫

郭奕辉　吴　俊　钟志伟　陈　星

邓汉荣　罗赤宇　林景华　向　前

陈　伟　张正军　石汉生　周洪波

廖满英　陈　旭　林洪思　何　军

沈　洪　陈东哲　蒋志刚　刘福光

赵煜灵　黄文龙　王怀中

建设地点：广州市珠江新城核心区

用地面积：56.6hm²

总建筑面积：36.7万m²

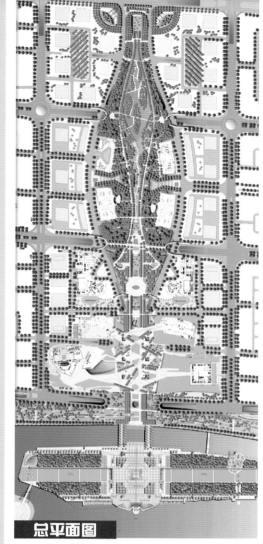

总平面图

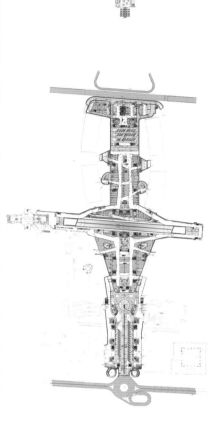

负一层平面图

四大公建广场

建筑设计及实景

广州花城广场又称珠江新城核心区地下空间，是以地下公共服务配套为主，包括为解决珠江新城核心区交通疏导而建设的地下交通系统、公共人行系统、旅客自动输送系统以及配套综合商业设施和设备用房。它与周边建筑地下层整合建设、统筹考虑，将构成具有以地下步行系统连通城市公交枢纽与轨道交通枢纽功能的城市地下综合体，达到疏导交通、共享地下空间资源、商业发展的目的。项目建设内容包括核心区地下空间、地下旅客自动输送系统以及地面中央景观广场。规划用地面积 75.4hm²，总建筑面积约 44 万 m²，地下两层，局部 3 层。

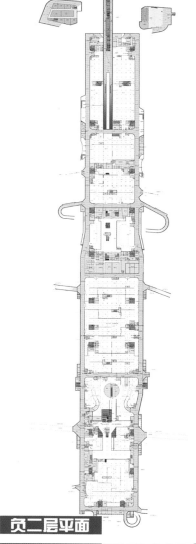

负二层平面

浮岛湖

夜景中的下沉广场

2010年广州亚运会
开幕式主会场所在地

广州珠江新城花城广场的建设目标为:

优化改善珠江新城 CBD 商务核心区的交通,加强与城市交通的衔接和联系,增强与轨道交通的便捷换乘功能,创造多层次的地下立体交通体系。建立以轨道交通为骨架、公共交通为主体、结合其他交通形式并行,具备完善的人行交通和人车分流的地下交通体系为交通目标。

连接、整合区域内各类综合设施和周边建筑的地下空间,统一规划区域内供电、给排水、供冷、垃圾收集、安全监控系统、消防设施、人防设施、停车库等各项设施,使区域内各项公共设施达到统筹、统一、有机结合。形成一个资源共享的地下公共空间体系为功能目标。

创建广州市新中轴上标志性的 CBD 中央景观广场,营造 21 世纪广州市"新城市客厅"名片为地面景观目标。

为市民及游客提供观光、休闲、娱乐、购物等配套齐全、服务优质的各类设施,形成以人为本、充满活力、景观宜人的城市新中心区为效益目标。

GUANGZHOU VELODROME OF 16TH ASIAN GAMES 2010

商业节点效果

公共建筑入口效果图

花城广场璀璨夜景

商业空间效果图

远眺亚运开幕式主会场

广州市珠江新城核心区市政交通项目地下空间实施方案

发表于《建筑学报》2007 年第 06 期

作者：何锦超 孙礼军 洪卫

1.项目概况

广州珠江新城核心区地下空间是广州市政府为了使位于广州市新中轴线上的珠江新城中央商务区的商务配套服务功能进一步深化、区域交通条件的根本性优化以及珠江新城中央广场整体形象的强化，配合 2010 年亚运会召开的重点工程之一，是广州市目前规模最大、最重要的地下空间的综合开发利用项目。该项目位于广州新中轴线珠江新城核心部位，地面现有车行交通系统由"四横两纵"（横向为黄埔大道、金穗路、花城大道、临江大道，纵向为华夏路和冼村路）干道网络组成，区内有广州地铁三号线、五号线和城市新中轴线地下旅客自动输送系统穿过，周边主要为高级写字楼、星级酒店、社会配套公建，其中有广州市地标建筑"双子塔"、四大文化公建（广州歌剧院、广州图书馆、广东省博物馆、广州市第二少年宫）、海心沙市民广场等标志性建筑。规划用地面积 75.4hm²，规划地下总建筑面积约 44 万 m²，地下两层，局部 3 层，总投资约 35 亿元人民币。建设内容包括珠江新城核心区地下空间、新中轴线地下旅客自动输送系统以及地面中央景观广场。

2.项目背景

广州珠江新城核心区是位于广州市新中轴线上的 21 世纪 CBD 中央商务区，由于广州市区交通以东西道路为主干线，南北道路连接珠江南北城区。目前珠江新城仅靠现有的黄埔大道连接东西交通，很难满足核心区建成后对东西交通的需求以及与东西城市的连接和延伸。新建 CBD 中央商务区与近 10 年来形成的天河北商务区的联系也因为黄埔大道、中山大道繁忙的城市交通而产生隔离。核心区内的交通流量将随着区内建筑的建成逐渐趋于饱和，这将对规划中的中心绿化广场景观产生十分不利的影响。正是基于上述从宏观到微观的城市发展中将产生的各种不利因素出发，2005 年 9 月广州市建委组织了国内外 11 家设计机构参加广州珠江新城核心区地下空间的规划设计竞赛，德国欧博迈亚设计公司、广东省建筑设计研究院都进入了前三名备选方案行列。2006 年 3 月经过商务投标后，德国欧博迈亚设计公司做为方案中标方成为该项目的国外设计承包方，广东省建筑设计研究院成为国内设计主承包方。

广州珠江新城核心区地下空间主体工程以地下公共服务配套为主，包括为解决珠江新城核心区交通疏导而建设的地下交通系统、地下公共人行通道、地下旅客自动输送系统站厅、站台以及配套地下综合商业设施和设备用房，它与周边地块地下建筑层整合建设、统筹考虑，构成具有以地下步行系统连通城市公交枢纽与轨道交通枢纽功能的城市地下综合体，该部分建筑的主要功能在于构建人车立体分流的地下步行系统，以人流的积聚点为核心，充分利用地下空间资源建设地下步行道将人流加以疏散，达到疏导交通、共享地下空间资源、商业发展的目的。对尽快形成广州市 21 世纪中央商务区（GCBD21）和高品位文化广场，带动周边地区的发展和带动城市商务办公及其产业都将起到关键性的作用，同时还必将吸引更多的周边城市居民及其他省市居民前来观光旅游，带动项目的商业配套服务和区域旅游经济的发展。

3.建设目标

广州珠江新城核心区地下空间的建设目标为：

优化改善珠江新城 CBD 商务核心区的交通，加强与城市交通的衔接和联系，增强与轨道交通的便捷换乘功能，创造多层次的地下立体交通体系。建立以轨道交通为骨架、公共交通为主体、结合其他交通形式并行，具备完善的人行交通和人车分流的地下交通体系为交通目标。

连接、整合区域内各类综合设施和周边建筑的地下空间，统一规划区域内供电、给排水、供冷、垃圾收集、安全监控系统、消防设施、人防设施、停车库等各项设施，使区域内各项公共设施达到统筹、统一、有机结合，形成一个资源共享的地下公共空间体系为功能目标。

创建广州市新中轴上标志性的 CBD 中央景观广场，营造 21 世纪广州市"城市客厅"为地面景观目标。

为市民及游客提供观光、休闲、娱乐、购物等配套齐全、服务优质的各类设施，形成以人为本、充满活力、景观宜人的城市新中心区为效益目标。

4.交通设计

在核心区过境交通设计方面，通过在华夏路、冼村路规划修建跨黄埔大道高架桥，连接黄埔大道北部地区的城市道路，解决与天河北商务区的外部交通衔接。将穿过核心区的东西向道路金穗路、花城大道、临江大道设计为下沉隧道，连接广州大道及珠江新城东西的城市道路。

在核心区内部车行系统方面，珠江新城核心区内交通通过珠江大道东、珠江大道西的单行逆时针大循环系统解决，珠江大道东、珠江大道西设计为单向四车道。为减少车辆绕行距离，提高整个交通系统的循环效能，设计五组地下掉头车道，结合珠江大道东西地面逆时针大循环交通，将珠江新城核心区划分为北环、中环、南环三个交通小循环系统。同时为了加强临江大道与东西珠江大道的联系，在临江大道及华就路上的地下一层空间设置两个环形交通岛。

公交及旅游大巴系统的交通组织通过在黄埔大道珠江大道道口、华夏路、冼村路、珠江大道东、珠江大道西、临江大道设置港湾式公交车站和港湾式出租车站；在金穗路以南地下负一层设置30辆旅游大巴停车场、出租车上下客区、候客区和货车装卸区；临江大道以北地下一层道路两侧设置公交车站及旅游大巴车站，其中公交车站为两路公交车的中途站。

地面人流组织通过广场地面人行系统、下沉广场、道路两侧人行道、人行天桥，并与核心区地下人行通道、周边建筑地下通道及架空二层人行步廊连接为一体。地铁三号线五号线珠江新城站人流经过花城大道隧道预留10m人行通道穿过花城大道南北地下人行通道，前往南北公交旅游大巴站场、周边建筑地下一层、经垂直交通进入核心区二层人行步道系统、经旅客自动输送系统站厅进入旅客自动输送系统、经下沉广场庭院及垂直交通系统出地面广场。

5.建筑设计

广州珠江新城核心区地下空间的设计是由下沉景观广场系列、商业购物廊、下沉庭院以及用于联系轨道交通及周边建筑地下空间的人行通道系统等几个主要设计元素组成。

下沉景观广场沿中轴线布局，构成地下商业城的脊柱。下沉景观广场、大型坡道和楼梯，将大自然引入地下，解决地下建筑的自然通风和采光要求，使地下空间与地面建筑和景观从视觉和空间上融合为一体。不同主题的下沉广场各具特色，广场入口标志鲜明，提供人们清晰的空间方位感。

商业购物廊犹如血管延伸在地下各个功能区，围绕着联系轨道交通及周边建筑地下空间的人行通道系统展开，使地下人行系统在空间和装饰上产生人性化建筑效果。纵横交错的购物街，将地下空间内不同的功能区域有机的连接起来，形成一个连续的、有趣的、具有动感的建筑空间。

下沉庭院的设置提升地下功能空间的质量，营造舒适安静的空间氛围。使整个地下空间从热闹到繁华，再到舒静，形成动态区和静态区的不同空间感受。在地下空间的设计中，大量采用下沉广场和采光天井设计，将自然光线引入地下建筑，提供给人们一个更安全感、更

舒适、并起到节约能源作用的功能区。

（1）地下一层平面设计

地下一层是珠江新城核心区地下空间体系的主平面层，由核心区和东西侧翼区组成。核心区的南面是公交车和旅游客车停车场。从那里人们可以直接进入四大公建的入口大厅。停车场内还设有贵宾专用车道、私家车和出租车上下车点。候车区域设采光天井，种植大型树木，使候车的人们在地下也能感受自然。停车场南北端设有交通环岛和进入地下车库的坡道，以保证车辆不同方向出入的灵活。核心区的北面也布置了公交车停车场，方便游客出入中央广场。

两个停车场之间的区域是核心区内结合连接周边建筑地下、轨道交通站厅设置的人行通道而设计的地下商业城。人流可以通过不同的途径进入地下商业城。

广州炎热的气候，空调是必不可少的设备。从生态和节能上的考虑，在下沉广场和购物廊之间设可移动玻璃幕墙。在不使用空调的季节，玻璃墙移向两侧的墙体内，开阔广场空间。同样是属于外部空间的庭院广场，氛围和格调与下沉广场不同。幽静高雅。

购物廊两边商店的立面走向成折线形，形成丰富的视觉焦点，使空间产生生动感，同时有机的联系了轨道交通及周边建筑地下空间。地下商业城内不同角度的坡道，不同层面流线形的交错和连接，给游客创造了一个远眺和近看的观景空间。

（2）地下二层平面设计

规划地下二层是公共停车场、设备功能空间以及集运系统站厅和设备空间。该层与周围建筑的地下车库相连。车库设有主环路与多个停车区间相连，从而保证整个大型公共停车库内主路的畅通，分区车库的多种管理模式成为可能。

（3）地下三层平面设计

地下三层是集运系统站台和集运系统隧道，以及核心区集中供冷共同管廊。

6.景观设计

景观设计从黄埔大道到海星沙庆典广场由自然田园风格向规整城市化过渡，使花城大道以北写字楼密集区域得以更开阔的绿化景观，花城大道以南则逐渐向几何化转换。北部是通过宽阔的景观公园极其柔和的景观造型来完成的；南面部分则突出结合绿化和水面的城市建筑造型形象。沿城市中轴线上由南向北有节奏的依次形成各广场和景观重点，并以各自不同的特色形成独特的

亮点。市民广场、景观公园、双塔广场、文化论坛、海心沙岛岛上广场。利用现代岭南水乡的概念，在花城大道以北设计一个浮水岛水面景观，既体现岭南园林的精髓，又改善了这一区域小气候环境。

灵活运用下沉广场、下沉庭院、灯光广场及行人步行台阶楼梯不同的空间感受，将各平面层彼此紧密相连，并且与周围的城市空间紧密结合，把自然景观引入地下，同时使地下空间得到必要的自然通风和采光。

在核心区中轴线上以景观绿化、活动广场和联系地下空间的下沉广场做为景观要素，强调其为广州城市之新轴，并使之与电视塔形成视线连接。把整个核心区绿化作为整体进行设计，并与周围城市环境进行协调，特别是将周边建筑的地面景观纳入核心区景观设计系统中，形成一个完整的景观形象。设计中利用植物、铺地、水景、景观灯、林荫铺地、台阶广场、硬质铺地、景观构架等为组图元素，形成空间大小不同、景观各异的室外环境，以利于营造开阔的休息观景空间。

设计以绿化为主，配合主题广场进行设计，植物疏密得当，高低搭配，四季有别，诗情画意。地下建筑顶盖上方按原规划要求设计覆土层1.5~2m，作为绿化和管线埋设土层。

设计把形式融于功能之中，从周边建筑功能出发，将位于花城大道以北地区利用地下无建筑区种植大量高大乔木，作为休闲用地，大大改变了周边大量高层建筑区域地面环境。而将花城大道以南双塔及四大公建区域，为凸显建筑魅力，配合地下建筑顶面，通过含蓄的手法及面的处理，使之与周边地面景观浑然一体。

7.新技术研究及应用

广州珠江新城核心区地下空间的设计在许多方面就大型地下空间的设计进行了探讨和研究，采用了一批新技术新工艺。

设计中对大型地下空间开发中遇到的消防问题、人防工程问题、原有地铁线路保护问题、岩层爆破开挖对原有地铁的影响研究评估及新型爆破技术工艺研究、大面积地下建筑新型抗浮技术研究、地下超长建筑不设缝的问题、大跨度无梁楼盖节点研究设计、区域智能化交通诱导系统及车库管理系统、隧道结构增加结构防撞能力及减少开裂的研究、区域真空垃圾压缩系统的设计研究、区域供冷系统的设计等问题采取了专题研究的方式，逐一得到了较好的解决，对城市其他地下空间的开发利用起到了较好的借鉴作用。

大型地下空间建筑消防设计探讨

——广州珠江新城核心区地下空间建筑消防设计

发表于《建筑学报》2009 年第 03 期

作者：孙礼军　洪　卫　郭奕辉

广州珠江新城核心区地下空间是广州市目前规模最大、最重要的地下空间开发项目。该项目位于广州市城市新中轴线珠江新城核心部位，总建筑面积 44 万 m²，地下 2 层，局部 3 层，在地下连接了广州市目前最高的地标建筑"双子塔"、广州大歌剧院、广州新图书馆、广东省博物馆、广州市第二少年宫、广州地铁 3 号线及 5 号线珠江新城站、广州新中轴线旅客自动输送系统车站的站厅和站台，以及核心区周边的高级写字楼、星级酒店等建筑。本工程以地下城市公共服务配套设施为主，包括地下商业街和设备用房，地下公共人行通道，整合了区域内各类综合设施和周边建筑的地下空间，统一规划了区域内的供电、给水排水、集中供冷、真空垃圾收集、安全监控、消防、人民防空、停车库等各项基础设施，构成以地下步行系统、城市交通、城市公交系统和轨道交通枢纽为主体的大型地下城市综合体。

本项目的地下建筑规模之庞大，功能之复杂，属国内首例。本文仅就工程的建筑消防设计进行探讨，以求解决大型地下空间建筑消防设计的相关问题。

一、消防设计中遇到的问题

1. 防火区间及分区划分原则的不确定性。

如前所述，广州珠江新城核心区地下空间包括地下商业街、设备用房、地下公共人行通道、与周边建筑连接的地下通道，区域内的供电、给水排水、集中供冷、真空垃圾收集、安全监控、消防、人民防空、地下停车库、城市道路、地下城市交通隧道、城市公交系统、轨道交通枢纽及旅客自动输送系统的连接体等各项设施。这些设施在功能上承上启下，在形式上互有联系、不可严格分隔，安全疏散方面相互借用、统筹计划（图 1）。

近年来，建筑技术日新月异的发展，推动了建筑设计的长足进步，各类建筑形式不断涌现，使我们以往赖以遵循的各类设计规范应接不暇。现行的建筑消防规范不可能完全涵盖所有建筑类型，特别是地下建筑空间的开发和利用方面的资讯更是匮乏。

因此，面对如此复杂的地下功能开发及如此巨大的开发面积，其防火区间、分区的划分，如果简单的参照现行规范的要求进行分区，可能造成使用功能的严重缺陷，而造成开发项目本身社会及经济意义大打折扣，但不按照现行规范要求，设计本身也无法进行下去。所以说在这个项目上，防火区间及分区划分原则的不确定因素贯穿于整个设计过程之中。

2. 安全疏散口设置与地面景观要求的冲突。

虽然广州珠江新城核心区地下空间在地下部分是一个功能十分复杂的综合体建筑，但根据广州市整体规划，特别是珠江新城规划中，它的地面却是广州市目前最黄金地段——珠江新城核心区内最大面积的称作"城市客厅"的城市绿化景观广场（图 2）。在这样一个广州最具吸引力的 CBD 核心区里，在地价十分昂贵的地王之心，广州市政府及土地和规划主管部门，苦心经营多年来保留这块景观绿化广场，充分体现了广州市城市规划的前瞻性和人本性。

但是由于该地下城市空间的开发，复杂的功能要求造成复杂的消防安全疏散体系，安全疏散口的设置方法的选择，将会直接影响项目建成后的建筑消防安全及地面景观。如果以楼梯林立的广场景观取代了绿树林立的核心区景观广场，那么整个开发项目的社会效益价值将受到最大限度的考验。只有解决这一冲突的矛盾，建设开发的意义才能真正体现出来。

3. 防火分区面积指标取值的不确定性。

由于广州珠江新城核心区地下空间建设的主要目的是解决珠江新城核心区市政交通地上及地下的合理衔接，建立城市轨道交通及周边建筑地下空间之间的地下人流交通体系。因此，各防火分区中涵盖了许多市政交

图 1

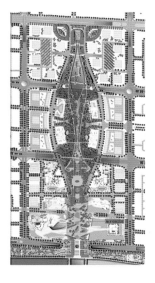

通及人流通道部分的功能，其分区面积指标的确定在现行规范中缺少基本依据，存在着较大的争议和不确定因素。

4. 不同使用功能中疏散宽度取值的界定。

广州珠江新城核心区地下空间具有各种使用功能相互渗透的技术特点，从而造成了消防设计中的技术难点。不同的使用功能其疏散宽度的取值是不同的，而在这个项目中有一些功能的疏散宽度取值是没有现行规范依据的，一些相互渗透的功能区的疏散宽度取值是很难界定的。

二、解决问题的策略和方法

1. 理顺繁杂的功能要求，确定防火区间划分原则。

广州珠江新城核心区地下空间为地下二层建筑、局部地下三层。地下三层主要功能为旅客自动输送系统站台层、行车区间及区域设备综合管廊，两者之间为独立空间，因此可以根据现行消防规范及地铁规范的要求，作为两个独立的防火区间进行消防设计（图3）。

地下二层主要功能由地下车库、设备用房、连接周边建筑地下车库的通道及旅客自动输送系统的站厅部分组成。在与周边建筑地下车库连接方式上，以各自负责自身消防为设计原则，这样地下二层消防设计可以按照现行消防规范进行消防设计（图4）。

地下一层所包含的功能是最为复杂的，设计中按照使用功能进行归类，提出防火区间的概念，并划分成四个防火区间：第一防火区间由城市下穿隧道的道路部分、公交出租车停靠站、旅游大巴停靠站、候车通道及连接周边建筑的人行通道组成。第二、三防火区间由南区地下商业街、城市地下人行系统、连接周边建筑地下商业的通道、城市交通隧道及连接地铁珠江新城站站厅的人行通道组成。第四防火区间由城市交通隧道、大巴停车库、出租车站、区域电站及区域真空垃圾站组成（图5）。

每个区间之间通过扩大的防烟前室、下沉广场及防火墙组成防火分隔，以保证各区间之间在功能上可以相

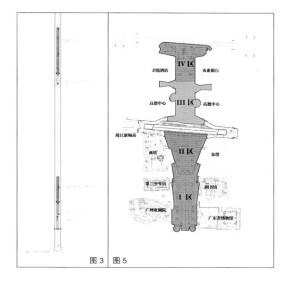

图3 | 图5

互渗透，同时在消防设计中相对独立。

2. 结合工程性能化消防评估，确定防火分区及防烟分区划分原则。

根据各部分功能的不同，广州珠江新城核心区地下空间采取了不同面积标准的防火分区及防烟分区。所有防火分区的分隔采用防火墙或复合防火卷帘，需要连通处则采用甲级防火门或A级防火玻璃。每个防火分区设置不少于两个安全出口。在防烟分区设计上，除旅客自动输送系统按不超过750m²设计，经工程性能化消防安全设计评估的地下公共人行通道部分按评估报告的结论进行分区外，其他按现行规范进行设计。

地下一层的四个防火区间的防火分区主要从以下几点考虑：

（1）在第一防火区间的防火分区设计中，将市政交通、人流通道及候车区、周边建筑地下这三个区域采用甲级防火措施进行防火分隔，以避免火灾发生时大面积蔓延而危害到人的生命安全。其中人流通道及候车区的防火分区严格按现行规范进行设计，并通过设置交通天井改善疏散环境。市政交通道路及临时旅游大巴、公交车停靠区域不同于单纯的市政道路隧道，设计从最不利因素角度出发，对该区域按停车库进行防火分区划分。

（2）在第二、三防火区间的防火分区设计中，由于商业是围绕规划中的城市地下人行通道进行业态布置，如果将整个城市地下人行系统算作商业营业面积，那么用于满足地下商业疏散宽度的楼梯与地面景观的矛盾是

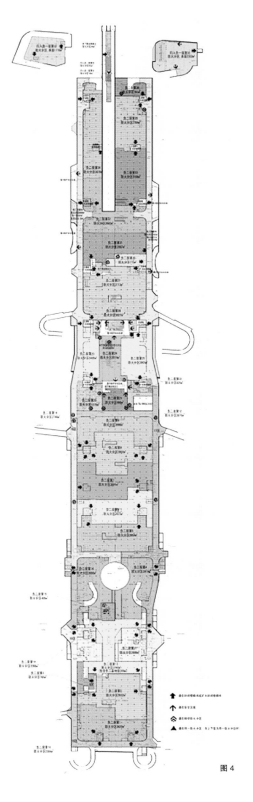

图4

很显然的。考虑到主人行通道内没有商业行为，也没有可燃物，如果对通道进行防火分隔，更加不利于人员安全疏散。在对其进行工程性能化消防安全设计评估中，获取了当商业区发生火灾条件下最不利时，该人行通道在采取适当排烟设施后，可用于人员疏散的时间，从而得出了可将城市地下人行通道视作一个特定的防火分区，与各商店进行防火分隔，并通过若干个下沉广场与室外空间连通，以使该通道作为"地下人行通道"使用的结论。该通道采取了单独的排烟设施，并采取下列措施进行防火分隔：

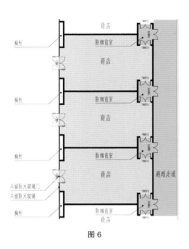

图6

（a）商店与主人行通道之间采用防火墙、防火玻璃和防火玻璃门进行防火分隔，使各商店作为一个独立的防火分区，各防火分区内商店通过防烟前室进入内部走道（设有加压送风系统，具有亚安全区的功能）再疏散到楼梯间、下沉广场或室外（图6）。

（b）主人行通道内每40m设置高度为2m的自动挡烟垂壁。

（c）各商店防火分区内部通道通往主人行通道的安全出口设置常开甲级防火门。

（d）商店及主人行通道设置自动喷水灭火系统和机械排烟系统。

（e）商店各防火分区的内部走道设置有加压送风系统，并用防火墙与商店分隔，与商店连通处设置防烟前室，该内部通道可以作为亚安全区设计。内部走道属于本项目疏散体系的一部分，在发生火灾时起着疏散商店内人流的重要作用，因此无论商店在功能上做何种调整都应首先保证内部走道部分功能不做改变。

（3）在第四防火区间的防火分区设计中，考虑到旅客自动输送系统和停车库、设备用房功能不同，为防止某个功能区的火灾影响到另外功能区的人员安全疏散，采用防火墙、防火卷帘配合常开甲级防火门的方式，将各功能区域进行分隔。

3. 分析使用实际情况，界定疏散宽度取值。

在地下空间设计中有三个方面的疏散宽度计算的问题是需要进行探讨的。

第一方面，每个防火分区的疏散宽度与总疏散宽度的关系。由于地下空间的面积大，地面又有景观要求，因此每个防火分区的疏散宽度都满足规范要求是十分困难的，特别是商业部分。在考虑到所有单个商店的疏散都利用亚安全疏散走道的因素，每个商店的疏散宽度是足够的，因此设计中在平衡各方利弊后，采用总的直通室外的疏散宽度满足计算要求，而个别防火分区小于计算宽度的做法进行设计。从另一角度思考，由于地下空间的开发利用主要是为了解决好地下各种人流的人行交通问题，那么在地下空间里行走的人流主要还是包括了地铁人流、商业人流、过路人流等，对疏散宽度的界定进行综合考虑，是避免重复计算、更加科学的设计方法。

第二方面，城市地下人行通道的疏散宽度计算是没有现行规范作为设计依据的，设计参考了其他国家的相应规范，并比对了各国规范的差异性，取合理的数值进行计算。

第三方面，公交车站及大巴候车与临时汽车停靠站在人数计算上存在着重复计算的可能性，这两股人流或者是在车上，或者在站台上。设计中对公交车上人数进行了计算，而对临时停靠的大巴车辆人数不做计算。对于公交车候车区内人员密度，国内相关标准没有明确规定，设计参照新加坡《建筑规范》（1997年）规定进行疏散人数计算。

4. 结合景观设计，合理选择安全疏散口的设置方式。

在广州珠江新城核心区地下空间的设计中，主要采用了通向地面的楼梯、通向下沉广场的门、通过地形设计的开敞地下部分、通往另一防火分区的门等安全疏散口方式。其中下层广场的设置必须设有与疏散门宽度相等的垂直疏散楼梯以及参考地铁规范所规定的室外自动扶梯，同时对火灾排烟危害进行了设计及计算，避免成为火灾时的排烟口。在上述安全疏散口使用和选择中，采用下沉广场及直接通过地形设计形成的开敞地下部分作为安全疏散口是最为有效及安全的，同时也与地面景观有更好的协调，丰富了地面景观，增加了其趣味性。

5.利用现行规范，处理地下商业分区问题。

按照现行《建筑设计防火规范》的规定，设计将地下商店总建筑面积大于 2 万 m² 的区域进行了防火分隔，考虑到商业环境及经营的实际需要，相邻区域局部必须有连通的需求，因此选择采取了规范允许的各种联通措施进行防火分隔：1）下沉式广场等室外开敞空间。2）防火隔间。3）避难走道。4）防烟楼梯间。事实证明这些措施的使用，对改善地下商业环境是非常有效的（图7）。

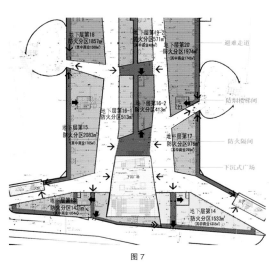

图 7

6.通过景观道路的规划，完善地面消防系统。

虽然地下空间的设计中，认真的进行了安全疏散的设计与研究，但对于地下空间的地面消防系统设计也是一个新的课题。结合地面景观的设计，我们在地面上结合出地面的楼梯、下沉广场、下沉天井设置了贯穿整个地下空间地表面的消防扑救道路系统，并在较大的下层广场附近设置了大型消防车停靠回转场地。使得在突发火灾情况下，消防员可以顺利到达地下空间的各个出入口，实现快速扑救的目的，为地下空间的使用提供更安全的保障（图9）。

三、大型地下空间建筑消防设计的启示

建筑消防设计是建筑设计中是十分重要的，大型地下空间的消防安全是关系到整个地下建筑开发是否成立的关键因素之一。通过对广州珠江新城核心区地下空间的消防设计的归纳和总结，分析其设计结果的得失是十分有必要的，也为今后类似工程的开发及设计起到了较好的启示作用。

1.大型地下空间开发的消防设计决定了整个开发项目的可行性，因此在项目开发的可行性研究阶段应该对消防疏散的可行性进行研究和分析，其结论将对修建性详细规划设计和单体建筑方案设计起到指导作用，以保证整个项目的可行性。

2.在规划设计大型地下空间的过程中，应从建筑功能划分入手，将具有相近使用性质的功能尽量在规划中进行归类规划，把不同功能区规划到若干个防火区间，这样可避免功能相互穿插，造成建筑设计阶段的消防设计先天不足。

3.随着建筑设计的不断发展，建筑功能和建筑空间的日新月异，大型地下空间消防设计中难免有现行规范未包容的内容，这些空间的消防设计必须经过消防主管部门、专业研究机构、设计单位的广泛论证，获得较为可靠科学的数据依据，才可进入设计的实施阶段。盲目的降低消防设计等级或提高设计标准，都会给地下空间开发本身造成不必要的危害和损失。

4.大型地下空间的消防设计，在不能满足规范要求的情况下，不能简单的通过工程性能化消防安全设计评估，将消防设计简化，甚至作为超越规范的设计依据。工程性能化消防安全设计评估是为建筑消防设计提供了可靠和科学的技术数据，设计本身必须在满足现行规范的前提下，在得到更为科学的数据支持下，对规范不能包含的各种建筑空间的消防设计进行完善和补充。

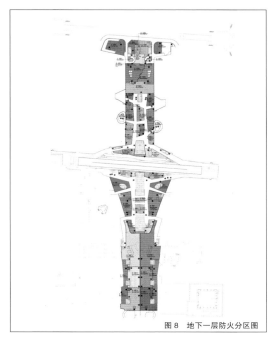

图 8 地下一层防火分区图

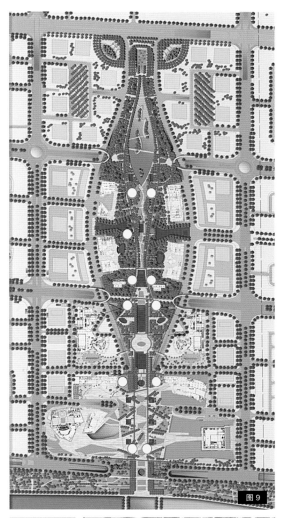

图 9

图 10

广州白云国际机场旅客航站楼东二、西三指廊及连接楼

GUANGZHOU VELODROME OF 16TH ASIAN GAMES 2010

2010年广州亚运会
配套工程

设计人：

陈 雄 周 昶 李琦真 李恺平

梁景晖 何海平 廖坚卫 罗志伟

肖 苑 廖旭钊 梁艳云 陈 旭

赖文彬 李健棠 陈常青 谭 和

赖文辉 黄日带 徐晓川

建设地点：广东省广州市花都区
总建筑面积：148041m²
设计高峰小时旅客量：2820人次
设计年旅客吞吐量：1000万人次

连接楼二层到达廊

到达车道边

空侧夜景

广州白云国际机场航站楼主楼（一期工程）

2010年广州亚运会
配套工程

项目基本概况：

本工程设计年旅客吞吐量为 1000 万人次，设计高峰小时旅客量为 2820 人次。建筑层数为地上 3 层（指廊局部 4 层），地下 1 层，连接楼首层层高为 4m，二层层高为 4.4m，指廊首、二层层高均为 4m，建筑总高为 29m，东三连接楼建筑面积为 47026m²，东三指廊建筑面积为 27028m²，西三连接楼建筑面积为 46683m²，西三指廊建筑面积为 27304m²，合计工程建筑总面积为 148041m²，其中地上建筑面积为 138201m²，地下 9840m²。

本项目连同新白云国际机场一期工程构成新白云国际机场 1 号航站楼，作为广州亚运会的交通枢纽。

建筑风格与特征：

● 建筑构思和创意：

东三指廊、西三指廊及相关连接楼工程在总体规划中起到承接一期航站楼、连接二期航站楼的作用。保持空侧、陆侧容量的平衡，做到功能完善、流程顺畅，提高服务水平，是本次工程的出发点及重点。

陆侧地面交通系统的完善及发展：包括各类地面交通车流的组织、指引、控制及停车场的布置，提高道路的服务水平，方便旅客通行。

捷运系统的规划及预留：解决中转旅客的交通需求，方便一期航站楼与二期国际航站楼联系，整体提高机场的服务水平及运行效率。

尽量增加近机位数量，提高机场服务水平。

建筑形象与一期航站楼协调统一。

到达车道边雨篷夜景

到达车道边

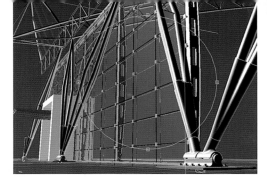

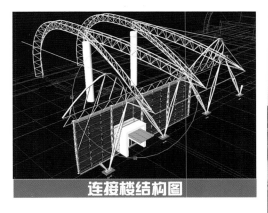

连接楼结构图

体现绿色建筑理念，重视生态、节能、环保设计

● 主要建筑形式及特点：

东三、西三指廊及相关连接楼的造型及材料都与一期航站楼巧妙地相互结合，同样的材料用在本工程的主体钢结构、金属板屋面、玻璃幕墙、张拉膜及装修等系统上，力求与一期航站楼协调统一。

同时结合一期航站楼行之有效的经验在主体钢结构及玻璃幕墙等方面进行了一定的优化，使主体钢结构结构更加合理、理性，玻璃幕墙更加通透轻盈。

针对高端旅客对航空公司的高要求，增加了头等舱、贵宾室的候机面积，改善了其候机环境。同时指廊首层远机位东西各增加了300m²的头等舱候机厅。

合理有效的组织商业空间及广告，主要的商场、精品店、餐厅及休闲娱乐集中布置在连接楼及指廊三层隔离区内，商业建筑面积东西各4000m²左右，方便了候机旅客消费，令机场机场收入多元化，增加非航空性的收入，减小对航空收费的依赖。

本工程连接楼及指廊地下室均设置了设备管廊，有利于机电设备专业主要管线的布置及维修，同时优化了楼层的空调送风方式，取消了空调送风柱，令连接楼及指廊的室内空间更加宽敞舒适。

● 新材料或新技术的应用：

中空LOW-E玻璃及双层张拉膜等新材料及室内大空间通风换气等设计均很好的体现了生态、节能、环保设计理念，同时结构设计首次采用了大跨度预应力空心钢管桁架及铸钢技术等新技术，玻璃幕墙采用了单索预应力索网结构等新技术。

空侧外

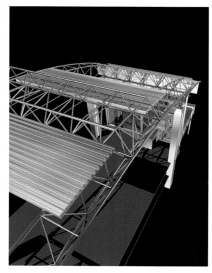

节点大样

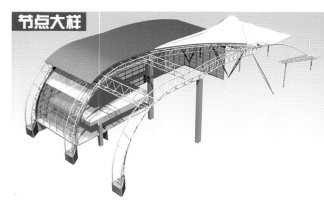

连接楼出发商业过厅

连接楼迎客大厅

过街天桥

空侧外观

空侧外观

指廊三层候机厅

指廊三层候机厅   行李提取大厅

指廊二层到达厅

行李提取厅

指廊三层候机厅

A127

A13-18
A124-A126
A132、A133
登机口
GATES

A131

广州铁路新客站地区公共绿化和广场景观工程

2010年广州亚运会
市政交通配套项目

设计人：

黄文龙　李来埔　郭奕辉　崔玉明

廖信春　彭国兴　陈　颖　卢成军

黄中流　侯少恩　黄文远　邓少丽

陈嘉宁　许海峰

建设地点：广州市番禺区

景观绿化面积：76万m²

中轴广场平面图

鸟瞰效果图

实景照片

实景照片

实景照片　实景照片

鸟瞰效果图　实景照片

2010年广州亚运会
市政交通配套项目

广州新火车站作为 2010 年广州亚运会市政交通配套项目之一，是为满足适应珠江三角洲区域和广州市大规模客流交通发展的需要，强化广州市区域中心城市的地位，是广州市最为重要的窗口和门户之一。根据总体规划，新客站地区规划面积为 11.40km²。

中轴广场区是按新客站主体建筑的朝向，经新客站主体建筑中心，向东、西两个方向延伸，向东延伸至屏山河、向西延伸至幸福涌，范围包括火车站前两个交通广场和两侧延伸的六块公共绿地，中轴区西部周边用地性质为商业用地和商住用地；东部周边为贸易咨询用地，中轴延伸到规划一路至屏山河区域为二类居住用地。

方案采用简洁、灵动、流线的总体构图，东广场设计了一个灵活多变的二层步行平台，以二层步行平台为主体，与中轴广场形成连续的双标高步行系统，并在不同标高的步行空间用踏步、坡道、台地、楼梯等方式灵活联系。二层平台下部以架空为主，形成庭院式的景观空间，为地块绿色空间的延伸，部分区域设置管理、服务用房、厕所以及少量商业用房。

站前广场除了交通功能空间外，两侧设计一系列几何形体的展示大地特征的绿地。广场中间设计了适合休憩驻足的树阵以及供行人休息的带水景空间。

屏山河两侧地块和中轴西段均体现以水为主题，设计成以滨水景观、湖滨水榭营造出良好的生态休闲空间，远山近水，水天一色，将水、园、院美妙的串联在一起。

2010年广州亚运会服务场地
(供亚组委和技术官员使用)

设计人：

郭　胜　陈　雄　陈应书　陈超敏

吴冠宇　赖文辉　张春灵　邓弼敏

建 设 地 点：广州市萝岗中心区
用 地 面 积：39957m²
总建筑面积：105407m²
建 筑 高 度：77.75m
建 筑 密 度：20.8%
建 筑 层 数：2栋高层22层
　　　　　　2栋多层9层
　　　　　　1栋会所2层
绿 化 率：40.9%
容 积 率：2.11

建筑设计及实景

2010年广州亚运会服务场地
(供亚组委和技术官员使用)

萝岗中心区科技人员公寓的建设原本是为了满足在广州萝岗新城工作的外籍人士、港澳台侨胞、留学归国人员及科技人员、专家学者等的住宿要求。建成后还没正式投入使用，正好迎来了广州亚运会的举办。科技人员公寓独具特色的外形特征及绿色环保的先进性设计，吸引了广州市政府及亚组委的兴趣，决定安排部分专家组人员、亚运会工作人员及安保人员进驻。进驻人员对科技人员公寓也给予了很高的评价。

萝岗中心区科技人员公寓位于广州市萝岗中心区东部（笃学路以东，笃学一横路以南）。该地块西临岗河，北侧为玉岩中学，远眺萝岗区中心建筑，景观良好，地理位置优越。本工程建筑包括两栋9层的多层公寓楼，两栋22层的高层公寓，以及会所和地下一层停车场。

设计考虑可持续发展的要求，充分体现对人的关怀。以建筑与自然的合奏为形态构思的出发原点，提出生态型环的概念。优美流畅的建筑形体与人工环境有机地结合在一起，在周边环境衬托下呈现出多姿多彩的表情，给人们提供了舒适的居住空间和交往平台。

萝岗中心区科技人员公寓是个充满想象力的作品，给予了我们很大的挑战，也成就了我们很多理想化的创作思考。虽然项目背景的特殊性决定了它不是一个具备共性特征的住宅设计，但其创意、空间处理手法以及对节能设计性价比的操控力，相信会对今后的创作起到积极作用。

一栋六层平面图

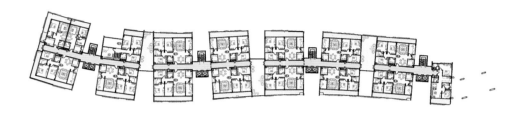

一栋七层平面图

二栋六层平面图

二栋七层平面图

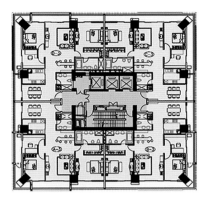

三栋三层平面图

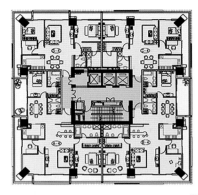

三栋四层平面图

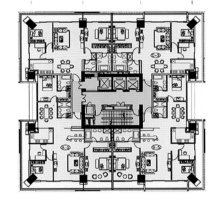

三栋五层平面图

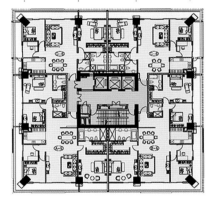

三栋六层平面图

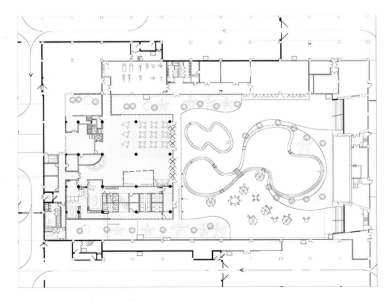

会所首层平面图

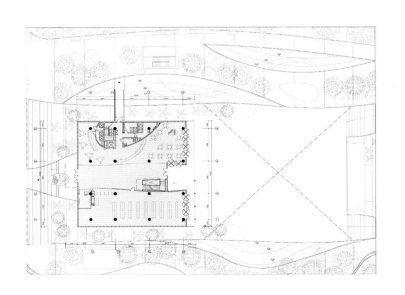

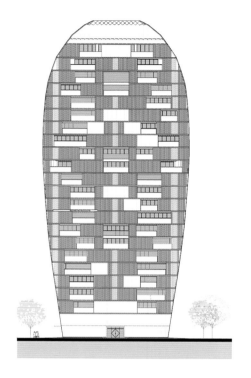

三栋立面图

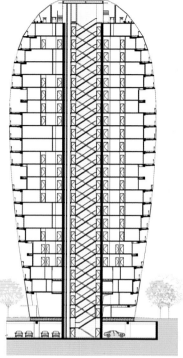

三栋剖面图

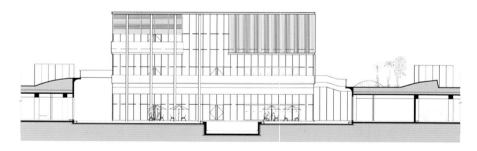

会所立面图

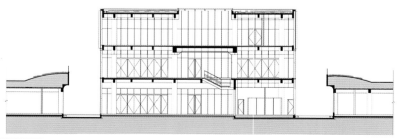

会所剖面图

一栋立面图

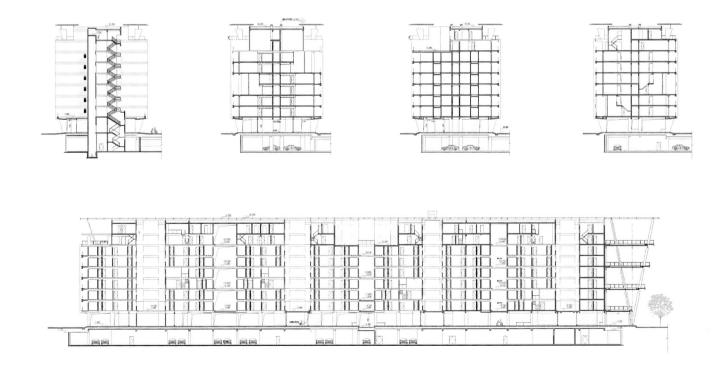

一个不具备共性特征的住宅设计

——广州科学城科技人员公寓

作者：郭胜　谢少明

1.项目背景

广州萝岗新城是广深经济走廊上的科研孵化中心、广州东部地区的现代化服务中心。为吸引海外留学人员归国创业，满足在广州萝岗新城工作的外籍人士、港澳台侨胞、留学归国人员及科技人员、专家学者等住宿的要求，2005年8月，广州萝岗区启动了广州科学城科技人员公寓的建设项目。通过建筑方案国际邀请竞赛（两阶段方式），选定株式会社佐藤综合计划与广东省建筑设计研究院联合体的设计方案为实施方案，后因土地问题项目搁浅。2007年3月新用地选定，2007年3月完成新方案设计。

这是一个在特定时期、特定地域、特定政策背景下实施的一个特定的住宅项目，这决定了它不同于商业楼盘住宅，具有独自性格特征。

具体表现为：

1）不把追求利润最大化作为建设的首要目的；

2）公寓的定位、服务人群及标准多样性；

3）不要求重复的单元化户型组合；

4）让建筑师发挥最大的想像空间。

2.总图设计

项目背景的独特性决定了这个公寓不需要对容积率有过度追求，因此在总图设计上，给建筑师留足了的周旋余地。

1）总体布局呈∑形

两排多层板式公寓配以两栋高层塔楼，它与中间的会所共同围合出一个"环状"∑形内庭空间，这个"环状"类似成长的植物结构，将建筑群体、市政管网、各种流线、绿化与水等全部连结（集约）于一体。

2）人、车、后勤服务动线的分离

在西侧笃学路开设主出入口，南侧开塑大道开设次要出入口，北侧笃学一横路开设一个步行出入口，车辆由主出入口进入住区内直接驶入地下停车场。环状的系统构成整合了各种流线，通过地上、地下空间对人、车进行立体分离并合理布置后勤服务动线，将住区地面最大限度向住户开放。

3）水与绿的连结

吻合环状曲线设置绿化、水景，使环状体系被强化，环与绿水相辅相成，它也是一个"生态环"体系的体现。被绿荫环抱的半下沉泳池，为区内提供适宜温湿效应。

4）板式公寓分节化

底层架空及多层板式公寓分节化布局打破内庭空间的封闭感，形成风的通道。

3.户型设计

商业楼盘住宅最大的目的是为了盈利，因此，其户型设计通常要考虑的就是尽可能做到标准化、单元化，同时，起居及卧室的面积固定在一定范围以做到以最少变化对应住户最多的需求。但此项目定位的模糊使其在户型设计上有以下特征：

1）高层塔楼

2栋高层为22层的塔楼，各户型围绕核心筒而设，"棒槌形"的造型，使得各层平面不统一而无标准层可言，它的基本构成是二梯四户（顶楼为两户或一户），以4种户型做衍变，从3房2厅2卫到5房2厅3卫，面积也从130.1m^{2}到262.1m^{2}不等，一共衍生出82种户型共计164套公寓，对应于不同住户的面积需求。

2）9层板式公寓

2栋9层板式公寓都由4个体块联排构成。其主要特点是中间走道式布局，局部跃层。各联排单元一梯二户至一梯六户不等，以5种基本户型做衍变，从1房2厅1卫到6房3厅3卫，面积也从56.4m^{2}到308.6m^{2}不等，一共衍生出216种户型共计216套公寓，对应于不同住户的面积需求。在架空层设置各单元入口大堂，每个单元的入口大堂及山墙以色彩进行区分形成标识性。

4.公共交往空间及空中花园

与商业楼盘死抠面积不同，宽松的条件给设计带来了自由度，设计上注重住宅私密性空间的同时，尽可能导入更多的交往空间，在各住宅单元之间的节点处设置公共交往平台。走道、阳台、跃层等要素的自由组合，营造出随处可见的绿化露台。这种在一定结构骨架下进行的交错衍变，其性格特征也就反映在立面上，形成的公寓外观尤为独特。在最上层及端部通过多种配置的绿化露台再进行衍变，进一步强化了各户的差异性。

5.节能设计

通常，节能设计可以分为积极的节能设计与消极的节能设计，所谓积极的即：首先设计要营造一个理想的先天条件，再经过后天努力（设置节能装置等）予以补充与完善，这可以称为性价比最高的节能设计。体现在

研究文献

本项目上，其积极的节能设计表现为：

1）确保"风之路"

建筑坐北朝南、间距适中、底层架空、板式公寓分节化布局、局部掏空等，首先打造了一个理想的风之通道。

2）立体绿化环境打造

从半下沉泳池绿荫环抱、地面绿地网络的构筑、景观庭园与建筑空间的穿插，到空中绿化露台及屋顶植被，全方位绿化环境的整备，为制御热负荷创造了理想条件。

3）补充装置的设置

每个户型都以阳台（露台）围合，外部设置的百叶作为一种节能补充装置，在遮挡直射光、实现自然采光及通风的同时，为住户提供了一个舒适的、室内与室外过渡的缓冲空间，绿化植栽的错落穿插，展现了非常丰富的建筑表情。

6.国际化设计合作的模式

与很多方案国际邀请竞赛不同，这是一个以设计联合体方式应标而取得的项目，在竞赛及整个后期设计过程中，国际化设计合作有以下特征：

1）在方案国际竞赛阶段，境外方提出主要设计理念，在充分沟通的基础上，双方以无缝对接方式完成竞赛方案设计。

2）初步设计及施工图设计合同的契约方式则以中方作为设计总承包方，境外方则作为中方下属的分包配合方。

3）境外方工作侧重点主要集中在方案设计及方案深化调整，其后的工作主要由中方负责完成。双方优势互补，开诚布公。

4）为了保持设计理念的一贯性，在后期配合阶段境外方随时就重点部位提供节点详图（草图）并对完成度进行确认、随时提出合理化建议。

结语

从方案竞赛、项目中间搁浅，到最后建成，项目共经历了5个岁月，也正因为有充足的时间供设计方仔细进行推敲才使得建筑能够达到一定的完成度。虽然项目背景的特殊性决定了它不是一个具备共性特征的住宅设计，但其创意、空间处理手法，以及对节能设计性价比的操控力，相信会对今后的创作起到积极作用。在当今商业楼盘住宅追求最大利润的这个浮躁时代，它是一个另类的存在。

阳台设置遮阳百叶

节能

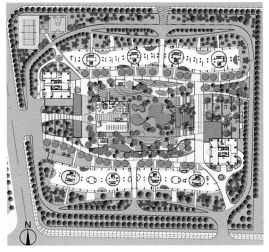

首层平面图

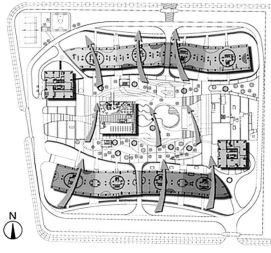

风之路